60 °E
150 °E
180 °E

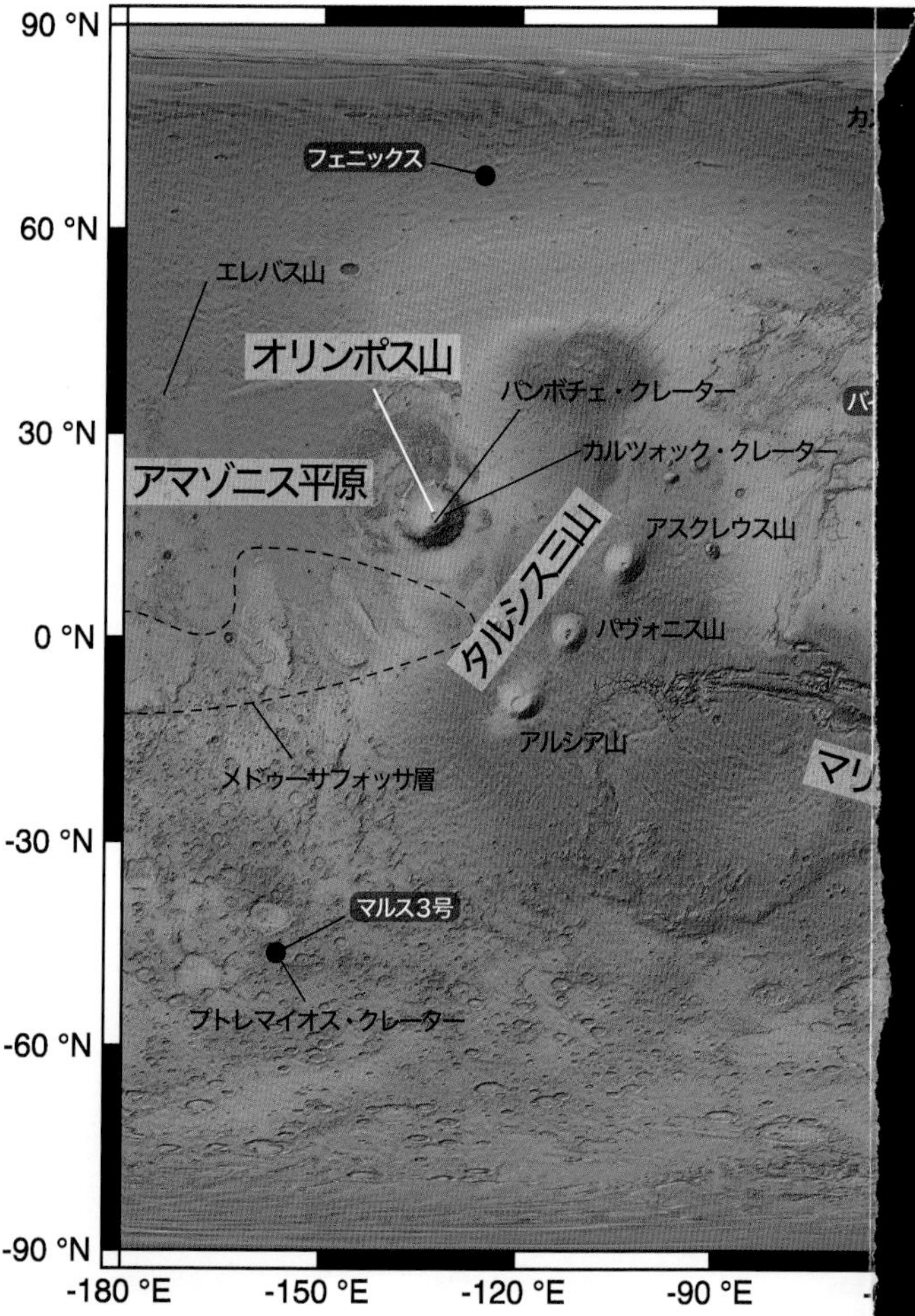

各探査機の着陸地点

口絵1　標高で知る火星

THEMIS Day IR with Colorized MOLA ElevationをTopoUSMを用いて処理したデー

火星の歩き方

臼井寛裕　野口里奈　庄司大悟

光文社新書

プロローグ

天体から大地へ

太陽系で地球の一つ外側を周回する火星は、きらめく無数の星々の中でもとりわけ人々の興味を掻き立ててきた天体です。火星の軌道が奇妙な変化をすることは古代から観測されており、例えば中国ではそれが吉凶とされ、社会の天変地異を表していると考えられてきました。また、ヨハネス・ケプラーが惑星の楕円軌道を導き出すために用いたのも火星の観測データです。革命的な研究をまとめた『新天文学』の第7章で、ケプラーは自身が火星研究に出会えた幸運の理由を次のように述べています。

火星の運動からの全く必然的な帰結である天文学の秘密を知らなければ、われわれはいつまでも無知のままだからである。

（ヨハネス・ケプラー〈２０１３〉『新天文学』岸本良彦訳　工作舎）

遠い昔から、人々は空を見上げ天体の動きを観測してきましたが、火星も天文学の長い歴史の中で人々の関心・興味を集めてきたのです。そして、21世紀の現在、その火星への興味はいわゆる空に浮かぶ「天体」としての枠組みを大きくはみ出すようになりました。

ケプラーの次の時代を生きたオランダの画家ヨハネス・フェルメールの作品に《天文学者》と《地理学者》というのがあります（図表P-1）。ほとんど同じ時期に製作されたこの2枚の絵。一方の人物は天球儀に手をかけ、もう一方はコンパスを持ちながら窓の外を眺めています。

この絵が製作された17世紀のオランダは、いわゆる「黄金時代」を迎え、未知の世界への探究心が高まっていた時代でした。東インド会社によって各地の珍しい品々がもたらされ、レーウェンフックは自作の顕微鏡で身近なものの微小構造を観察、ホイヘンスは天体観測によって土星の輪を発見しています。地球においても宇宙においても、以前は見えなかった世

図表P-1　フェルメールの《天文学者》（左）と《地理学者》（右）

界が一気に目の前に開かれていったのです。《天文学者》と《地理学者》には、そんな17世紀オランダの好奇心がありありと映し出されています。

他方で、この17世紀に描かれた2枚の絵は、21世紀の惑星科学に対しても重要な見方を提供してくれています。2人の人物の顔つきと部屋の様子をよく見てください。

フェルメールは《天文学者》と《地理学者》を別々に描いていますが、2人は同じような顔つきをしているように見えないでしょうか（どちらも顕微鏡を作ったレーウェンフックをモデルにしたという説があります）。さらに、2枚の絵に描かれた部屋は、細かい描写こそ異なっていますが、家具の形などを見る限り、どうも同じ場所のように見えますし、《地理学者》の部屋の家具の上には《天文学者》の天球儀と思われるものもあります。つまり、この2枚の絵は天文学者と地理学者のそれぞれを描いているというよりも、一人の人間がときには宇宙を、またあるときには地球のことを考えているように見えるのです。

そして、まさにこれこそ、21世紀の我々が火星に対して抱いている視点です。

現在では、様々な周回衛星や着陸機によって、火星の全域にわたる地形や大気の流れが詳細に観測され、どのような鉱物があるのかまで知ることができるようになりました。今や空を見上げるだけでなく、足元を見ることによっても火星の観測が行われているのです。また、最近はＮＡＳＡが火星でヘリコプター（ドローン）を飛ばすことに成功して話題になりましたが、ヘリコプター以外にも各国の研究機関が、火星でグライダーや気球を飛ばす研究を進めています。地表を探査車が走り、上空ではヘリコプターや気球が飛ぶ。こうなると火星はもはや、一つの天体であると同時に一つの大地と捉えることもできるかもしれません。地球に対する視点がほかの天体へと広がり、天空の世界が我々のもとに降りてきたのです。フェルメールは2枚の絵を描くことで、地球と宇宙（地球外の天体）という二つの世界が存在していることを示してくれました。これからの時代、火星のことを知るためには、どうやら我々はこの2枚の絵を重ね合わせて1枚の絵にする必要がありそうです。

火星が旅行先になるとき

さて、徐々に火星の見方が地球に近づいているとすると、これから人々は火星に何を求めるようになるのでしょうか。もちろん、人によって考えは様々でしょう。ただ、一つ考えられることは、火星を科学探査だけでなく、旅行先と見るようになるのではないかということです。

フェルメールの時代から約2世紀後、19世紀になるとヨーロッパでは、観光旅行をする人々が増えていきました。もちろん、それ以前にも旅に出る人はいましたが、蒸気機関による汽車や汽船の普及、トーマス・クックによるツアー会社の設立など、産業革命の推進によって誕生した新しい社会は、旅行というものを以前とは比べ物にならないほど身近なものにしたのです。その影響はとどまるところを知らず、これまで冒険の対象であった世界一周までもが、旅行へと変化していきました。１８７２年には、フランスの作家ジュール・ヴェルヌによる『八十日間世界一周』が新聞に連載され、トーマス・クックは２２２日間かけた世界一周ツアーを実際に行っています。

この旅行の拡大という現象に、新しい技術の導入が影響をおよぼしたことは言うまでもありません。『八十日間世界一周』で、主人公のフィリアス・フォッグは、汽車や汽船の中で、まるでロンドンにいたときと同じようにカルタ遊びに興じています。窓の外に広がる世界がどれだけイギリスと異なっていても、汽車や汽船などに乗っている限り、そこはイギリスとあまり差がないのです。小説中には、殉死させられそうになった女性を助けたり、さらわれた召使いを連れ戻しに行くなど、冒険的な場面も見られます。しかし、それは予定のルートから外れたときであって、主人公にとっての世界一周とは冒険ではなく、あくまでも旅行なのです。事実、フォッグがカルタ遊びと並んで関心があるのは、旅で費やした日数でした。もはや彼にとって問題なのは、生きて帰れるかではなく、80日でロンドンに戻れるかどうかなのです。鉄道や汽船による移動が道中の危険を減らしたことで、今度は数字の収支、そしてそれに対する金銭的な賭けが新たな旅の活力となっています。

もちろん『八十日間世界一周』は小説です。しかし、現実のヨーロッパでも19世紀に入ると、蒸気機関や電信など、最新の技術によって世界の距離感は大きく変化していきました。実を言うと、そこにはヨーロッパ諸国による植民地政策や環境問題など、暗い陰も潜んでいます（『八十日間世界一周』も見方によっては世界というより「拡大したイギリス」への旅行です）。とはいえ、この時代に以前よりも地球が小さくなったことは確かでしょう。

だとすると、19世紀の地球がそうであったように、最新の技術を応用することで、将来、火星が小さくなるのもありえないことではありません。もちろん、地球と同じように気軽に火星を動き回るのは困難でしょう。人や重たい機械を火星まで運ぶのは簡単ではありませんし、環境も地球とは大きく異なっているからです。ですが、それで火星への旅行が全くの夢物語になるかというと、必ずしもそうではないはずです。

気球から火星を眺める

火星観測のために様々な技術検討がなされていることはすでに述べましたが、ヘリコプターや気球による観測が盛んになれば、火星の様々な場所を映像で見ることができるようになるでしょう。フランス映画の『素晴らしい風船旅行』（１９６０年）には、気球から見下ろした街並みや山の美しい映像がふんだんに使われています。火星の気球観測で、人が乗り込むことは想定されていませんが、カメラを用いることで、『素晴らしい風船旅行』と同じように火星版の素晴らしい風船旅行が見られる日が来るかもしれません。

実は地球外の天体で気球を使うという計画は比較的古くから研究されていて、すでに１９８５年には、ソ連が２機の気球（バルーン）を金星の上空約50㎞に上げることに成功しています。火星での気球の運用も、今のところは実現していませんが、検討自体は１９８０年代から行われています。例えば、フランスとロシアの研究チームはヘリウムを充填した気球で火星を観測する計画を提案し、ＪＡＸＡ（宇宙航空研究開発機構）やＮＡＳＡ（アメリカ航空宇宙局）は、スーパープレッシャーバルーンと呼ばれる、高圧のガスを充填した気球を火星上空に上げるための研究を行っています。スーパープレッシャーバルーンは、バルーン内部にガスを密閉する構造になっており、ガスの損失がありません。そのため、ガスを抜いて高度を調節するタイプの気球と比べ、滞空時間を格段に長くすることができ、うまくいけば数カ月にわたって火星の上空を飛行することが可能であると考えられています。また、こうしたガスを充填させるタイプの気球に加え、周囲から取り込んだ大気を熱で温めて上昇させる、いわゆる熱気球型のバルーンを使用する計画も提案されています。地球の熱気球は、バーナーの熱でバルーン内部の空気を温めますが、火星ではバーナーの代わりに太陽の熱を使うことが検討されています。気球の観測が実現すれば、広い範囲を周回衛星のカメラよりも高い解像度で撮影することができるようになると期待が集まっています。

　さらに近年では、ヴァーチャルリアリティ（ＶＲ）の発展に伴って、離れた場所にあるものを目の前で見ることができるようになってきました。望遠鏡や顕微鏡が新たな世界を展開した17世紀、鉄道や電信が地球を小さくした（小さく感じさせた）19世紀のように、最新の技術が人々の距離感を変化させるという現象は、21世紀の現在においても起きています。このような手法を気球から送られてきた映像に応用できれば、間接的に火星を旅行することができるようになるかもしれません。もちろん、ヴァーチャルな体験を旅行とみなせるかについては、さらなる考察や議論が必要です。しかし、ヘリコプターや気球から眺めた火星の映像が眼前に広がったとしたら、さぞ面白い体験になるはずです。

火星のジオツーリズムへ

しかし、仮に火星旅行が可能になったとしても、私たちは一体、火星のどこを訪れたらいいのでしょう。『八十日間世界一周』でフィリアス・フォッグは世界一周の証拠として、各寄港地のビザを集めました。ビザのない火星では、各場所の写真などがそこを訪れた証拠になるでしょう。そのためには、やはり火星のどこにどんな場所があるのかをあらかじめ把握しておく必要がありそうです。

おそらく地球の場合、知らない場所を旅するときにまず参考にするのは、ガイドブックだと思います。ガイドブックがあれば、その土地のホテルや観光名所、さらには歴史や文化まで、完全とはいかずとも知ることができます。何も分からないことに比べれば、そのときの安心感は段違いでしょう。実際、世界各地のツアー旅行を企画したトーマス・クックもガイドブックを出版しています。火星を旅行するときも、おそらく事情は同じはずです。

そこでこの本では、火星が旅行の対象となる時代を見越し、ガイドブック仕立てで火星の面白い場所を紹介してみたいと思います。もちろん、人がいない火星では地球のガイドブックのようなホテルや交通機関の紹介はできませんが、どんな地形があるのか、それはどのようにして形成されたのかなど、惑星科学的な話ならば可能です。

地球では自然が作り出した地形や地質を巡りながら、その土地の成り立ちや歴史、さらには人間との関わりといったことを学ぶ「ジオツーリズム」というタイプの観光旅行がありますす。人こそいませんが、面白い地質構造や景観が豊富な火星は、そんなジオツーリズムに最適な場所なのです。

本書でそんな火星の豊かな地形を紹介するため、主に三つのルートを取り上げたいと思います。

①規格外の大きさを感じる火星一周ルート

②太陽系最大級の山・オリンポス山を登るルート
③水と二酸化炭素の氷が作る不思議な地形を追う極地ルート

各ルートの合間には、火星の豆知識をまとめたコラムや、少し見方を変えてこれまでの火星探査の歴史を振り返る聖地巡礼ルートも取り上げています。また、最後の章では、待ちきれない人のために、地球上で火星の環境や地形を疑似体験できる場所であるアナログサイトもいくつか紹介しています。

それでは、いつの日か自らの足で火星の大地を踏みしめ、自らの目で火星の景色を眺めることに想いを馳せながら、まずは本書で〝火星旅行〟へと繰り出しましょう！

火星の歩き方

目次

第１章

そもそも火星はどんな星？

第1章

そもそも火星はどんな星？

——旅立つ前におさらいする火星のキホン

火星は、地球軌道の外側を公転している太陽系第４惑星の地球型惑星です。自転周期は24・6時間で１日の長さは地球と近いものの、公転周期は６８７日と地球の約２倍。二酸化炭素を主成分とした大気があり、砂漠のように砂で覆われた地表では竜巻も発生します。また、地軸を傾けて公転しているため（傾き：25・19度）、地球と同じように四季があります。ただし、公転周期が地球の２倍なので、季節が一巡りするのは地球時間で約２年です。かつては今よりも１００倍以上の厚い大気が存在し、現在の寒冷で乾燥した火星とは違って、海や湖、河川まであったことも知られています。

このように、火星は現在でも活動的な惑星であるだけでなく、45億年の長い歴史を通じて大きく環境が変化した惑星です。その大きな環境変化は、巨大な火山から大きな峡谷まで、火星を「見どころ満載」の惑星にしました。この章では、これから始まる火星旅行の基礎知識として、火星の大きさや成り立ち、気候などをおさらいしておきましょう。

大きさと内部構造――地球の〝兄弟〟とも言える星

地球や金星と同様に、火星は主に金属からなるコアと岩石からなるマントル・地殻で構成されます。半径は３３９７㎞と地球の約半分で、表面積は約４分の１。質量は半径が地球の約半分だと考えると、体積は2分の１の3乗で8分の１になるので、質量（＝重さ）も８分の１になりそうですが、実際には約10分の１程度です。その理由は火星の密度が地球と比べて小さい（３・９３３ｇ／㎤）からだと考えられています。

火星全体としての密度は、質量を体積で割り算すれば出てきます。しかし、密度は惑星の内部で均一ではなく、当然、金属でできた核と岩石でできたマントルや地殻では、その値は大きく異なります。さらに、同じマントルであったとしても、惑星の内部に行けば行くほど圧力は高くなるので、結果として密度が高くなります。火星にも地球と同じく密度のグラデーションがあるのです。

なぜここまで火星の密度について言及するかというと、全体の密度の情報だけでは火星の内部構造を詳細に推定するのは難しいということをお伝えしたかったからです。全体の密度（平均密度）は極めて重要な情報ですが、それだけではコアやマントルなどのサイズを本当にざっくりとしか見積もれません。もちろん、それぞれの密度が分かればその問題は解消されますが、地球外の天体の場合、異なる場所のサンプルを直接測定するのは簡単なことではありません。深い領域は特に困難なのです。

そこで有効なのが地震探査です。この探査では、地震によって発生した波が惑星の中を伝わる過程を調べることで、直接見ることのできない惑星内部の岩石の種類や状態を調べることができます。

火星の内部に関しては、まだよく分かっていないことが多いのですが、現在、探査機インサイト（NASA、2018年打ち上げ）によって、火星の地震、火震（Marsquake）を調べる探査が行われています。どんなデータが取れるのか、その結果を楽しみに待ちましょう。

地質・岩石――クレーターの数で知る地質の年齢

現在は寒冷で乾燥した惑星である火星には、かつて磁場や厚い大気、そして液体の水（海・湖）が存在していたことが分かっています。つまり火星は、少なくともある一時期において地球と似た環境であり、生命が存在していた（今も存在する？）のではないかと考えられています。

かつての大気や海は、現在では地表面からなくなってしまい、観測することができません。そこで科学者は、大気や海と反応してできた岩石や、川によって削り取られた地形を調べることで、昔の火星の環境を研究しています。海や川、湖の底でできた岩石は地層となり、時代を経るごとに上へ上へと積み重なります。この地層を一枚一枚、本のページをめくるように調べることでも、火星の環境の変遷を知ることができます。

ただ、岩石から火星の過去の環境を読み解き、火星の歴史（年表）を作るには、まずその岩石ができた年代を知る必要があります。地球の岩石の場合は、直接、その岩石を分析すればよいのですが、火星ではそれができません。そこで、火星に限らず、惑星や小惑星、月の岩石の年齢を調べる際に用いられるのが、クレーター年代学という手法です。

クレーター年代学では、隕石の衝突によってできたクレーターの数（正確には面積あたりのクレーター数）を調べることで、対象とする場所ができた年代を求めることができます。大雑把に言うと、「古い場所の方が若い場所に比べ、多くの隕石衝突を受けるため、クレーターの数が増える」という関係を用います。

このクレーター年代学に基づくと、火星の地質は大きく三つに分けられます。年代の古い方から順に、ノアキス紀（約37-45億年前）、ヘスペリア紀（約30-37億年前）、アマゾニア紀（約30億年前以降）となっていて、海や湖、川の流れた跡といった水の痕跡は、古い時代であるノアキス紀とヘスペリア紀の岩石に見つかっています。

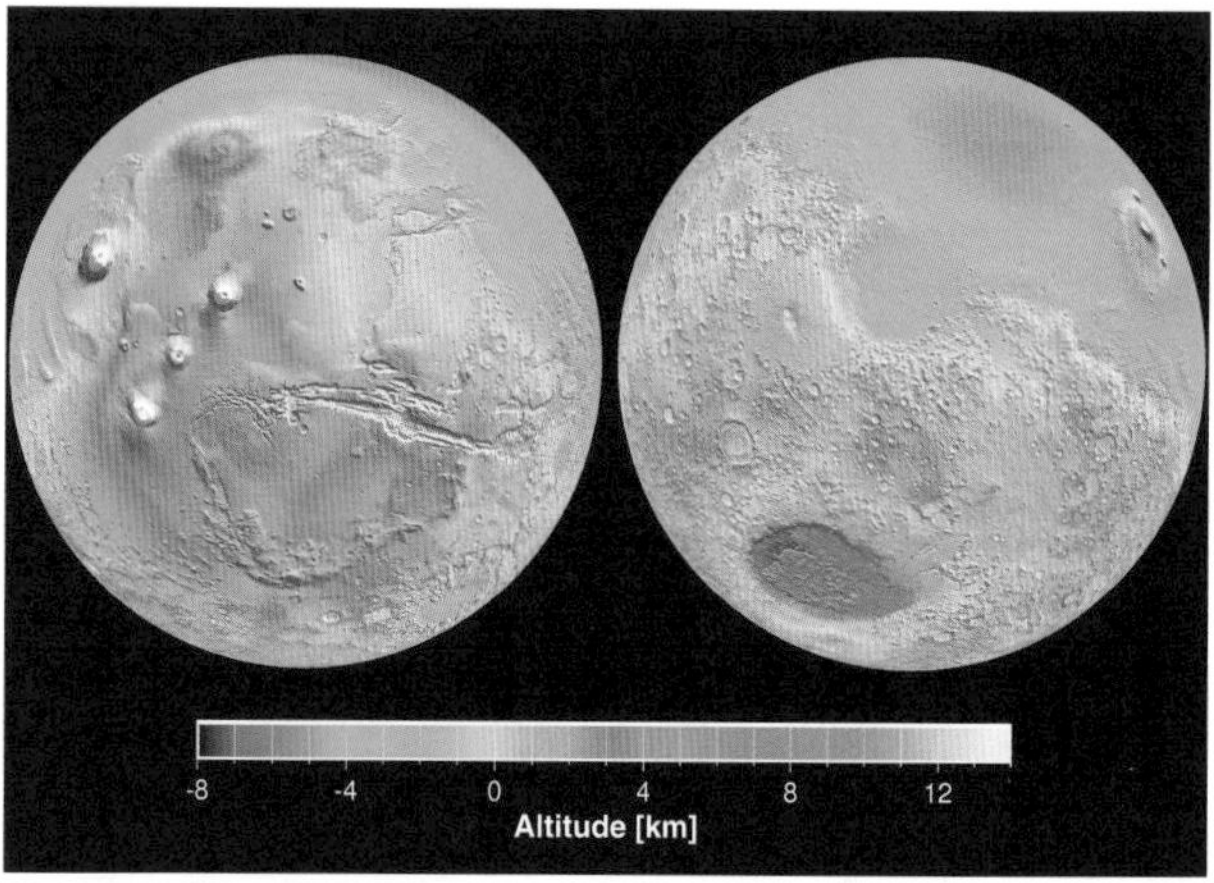

図表１－１　火星の標高マップ（左：経度0度から西半球　右：経度0度から東半球）

カラーチャートは標高を示す。写真：NASA/JPL

エリシウム山や複数の楯状《たてじょう》火山からなるタルシス高地は最も年代の若いアマゾニア紀まで続く大規模な火山活動によって形成されたと考えられています。楯状火山というのは、文字通り、楯を伏せたような形の火山のことで、地球では、ハワイ島のように温度が高く粘性の低い玄武岩質マグマによって作られます。火星の火山もハワイと同様に、玄武岩質マグマから作られたと考えられています。ですが、火星の火山は地球最大の火山であるハワイ島の火山よりも何倍も大きいのです（詳しくは第２章を参照）。

　火星の地殻は、年代と地形の間に明瞭な相関があり、

①年代が古く、標高の高い南部高地
②年代が若く、標高の低い北部低地

に分けられます（図表１－１）。このような天体規模での地殻の明瞭な違いは「地殻の二分性」と呼ばれ、地球でも花崗岩でできた高地（つまり陸）と玄武岩でできた低地（つまり海）という地殻の二分性が存在しています。

ただし、地球と火星では、地殻の二分性を生む原因が異なります。地球の場合は、花崗岩と玄武岩の密度差が二分性（標高＝地殻の厚さ）を生む原因ですが、火星では高地・低地ともに玄武岩質の岩石で構成されています。火星地殻の二分性の成因については、外部からの天体衝突による地殻の剥ぎ取りや、マントルの対流による地殻の変形などが提案されていますが、決定的な答えはまだ得られていません。

古海洋——火星の約3分の1を占めていたかつての海

前述の通り、火星には海が存在していたとされていますが（古海洋）、現在はもう干上がっています。一方で、かつての海がどれほど広かったのか、どのくらい水量があったのかなどは研究である程度の推測が立っています。

ここで一つ考えてみましょう。今はもうない干上がってしまった古海洋の場所や大きさをどうやったら見積もることができるのでしょうか。

海では海面の高さの場所に海岸線を作ります。そして、地球でも火星でも、水は重力によって常に高いところから低いところに流れるため、海の上面である海岸線の高さは一定になります。そこで、科学者たちは、地形図を頼りに海の水で削り取られた海岸線を線で結ぶことで、海のあった場所とその外周を求めているのです。また、得られた海岸線の内側の窪んでいる場所を海であると仮定すると、海水の量も求めることができます。

こうして火星の昔の海岸線を調べた結果、驚くべき結果が得られました。ノアキス紀・ヘスペリア紀の少なくともある一時期、火星全球のなんと約3分の1に相当する北部低地に古海洋が広がっていたことが分かったのです。さらに、水は静的な古海洋として存在していただけでなく、動的な流体、つまり川として扇状地や三角州といった堆積構造や、複雑な谷地形も形成していたことが明らかとなりました。例えば、谷地形の一つに、アウトフローチャネルと呼ばれる地形があります。これは大規模な洪水によって形成される地形で、大量の流体が集中的に火星表面を流れていたことを示しています。こうした河川地形は、古海洋が広がっていた北半球だけでなく、南半球のヘラス平原などにも広く分布しています。第2章では、そんなかつての川が形成に関わった太陽系最大の峡谷や長さ数千キロメートルにおよぶ河口跡も紹介していますので、ぜひ火星の川にも思いを巡らせながら、眺めてみてください。

　海や湖、河川として存在していた火星の水は、表面の岩石と結びつき、様々な鉱物も作りました。ノアキス紀・ヘスペリア紀にできた岩石には、水と岩石が反応することで作られる粘土鉱物や、水から沈殿した炭酸塩や硫酸塩が多く含まれています。

　粘土鉱物や炭酸塩・硫酸塩の作られる環境はそれぞれ異なっており、それら鉱物の種類や組成を調べることで、当時の海水の組成を知ることができます。例えば、炭酸塩は比較的、中性もしくは塩基性の水から作られるのに対し、硫酸塩は酸性の水から作られます。

　こうした知見をもとにした鉱物の調査は、火星で時代とともに海の水が減少し、同時にその組成が塩基性から酸性へと変化していった可能性を示しています。

氷床——火星の水の貯蔵庫

地球と同様、火星にも北極と南極の両方に極冠《きょくかん》と呼ばれる分厚い氷床が存在します。極冠の大きさは、北極冠で直径約１０００km・厚さ約２km、南極冠で直径約４００km・厚さ約３kmにおよびます。極冠を形作る氷（極冠氷）は大半が水の氷でできていますが、その表面は数メートル程度の薄いドライアイスが覆っています。ドライアイスは大気中の二酸化炭素が凝華して固体となったもので、この薄い層は火星の寒い冬に大きくなります。

地中を観測できる電磁波を用いた観測によって、極冠氷は何十層にもなる薄い氷の層（極冠堆積物）で構成されていることが分かりました。極冠堆積物は木の年輪のように層ごとに厚さや色が違い、各層は当時の火星の気候を反映している、つまり火星の環境の歴史を刻んでいると考えられています。

さらに、電磁波を用いた観測では、南極のこの極冠堆積物の下に大きさ約20kmにもなる地底湖が発見されました。これが何を示しているかというと、この発見が正しければ、火星の極には現在でも氷だけでなく液体の水が存在していることになるのです。

ほかにも近年は水の貯蔵層として、地下凍土層の存在が着目されています。電磁波を用いた観測では、北半球に広がっていたとされる古海洋に匹敵する量の水が、現在でも氷として地下に存在している可能性が示されています。

例えば、中緯度地域には厚さ１００ｍを超える地下氷の露出が確認されているほか、低緯度地域では、地下帯水（氷）層からの季節的な塩水の浸出で形成されたとも考えられている地質現象が発見されています。この現象は、繰り返し（Recurring）、クレーター壁などの傾斜地（Slope）に、直線性の強い（Lineae）、黒いシミとして見つかることから「Recurring Slope Lineae（ＲＳＬ）」と呼ばれています。この不思議な現象は第2章のマリネリス峡谷でも詳しく触れているので、一緒に観察してみましょう。

気候――温度差１７０℃以上になる火星の四季

火星には地球の約１００分の1程度、6㎜《ミリバール》程度の薄い大気が存在します。このような薄い大気になった理由は、45億年にわたる火星の歴史の中で、宇宙空間へと大気が逃げて行ったためだと考えられています。しかし、いつ・どのくらい・どのように大気が宇宙空間へ逃げて行ったのかについては謎が多く、現在、研究が進められています。

この薄い大気のため、火星は十分な温暖化効果を得ることができません。平均気温はマイナス60℃程度と、地球の平均気温（約15℃）よりもぐっと低い値を示します。また、大気の薄さにより、熱慣性が小さくなる（つまり、温まりやすく冷めやすい）ため、場所や季節による温度変化が大きく、表面温度は極地域の冬に経験する最低気温が１４０℃なのに対し、赤道地域の夏に経験する最高気温は35℃程度と、その差は１７０℃以上に達します。

温度が地球と大きく異なる火星の大気ですが、その組成も二酸化炭素が約95％を占めており、窒素や酸素からなる地球とは大きく異なります。もし火星に生命がいたとしても、地球上の多くの生命のように呼吸に酸素を使ってはいないだろうと考えられます。

一方、火星の大気からは微弱ですがメタンが検出されています。「それがなんなの？」と思った人もいらっしゃるかもしれません。実はメタンの発生源としては、酸素を必要としない細菌（メタン菌）のような微生物が考えられているのです。つまり、もしこの説が正しい場合には、火星で微生物が活動していることになります。ただしメタンは、火山ガスや火星に降ってくる彗星《すいせい》、あるいは地下の熱水活動などでも発生するため、微生物が本当に存在しているかどうかを確かめるには、さらなる探査が必要です。

火星の気候に関して最後に四季に触れておきましょう。荒涼としたイメージもある火星ですが、四季（つまり温度変化）は存在しており、薄いながらも大気があることで、様々な気象現象が観察されます。例えば、火星には全球規模での大気循環や、火星全域を覆ってしまうような砂嵐（グローバルダストストーム）が発生します。この砂嵐は大量の砂粒（ダスト）や水蒸気を移動させ、局所的な竜巻や霜の原因でもあります。

一方、巻き上げられた砂粒で光が散乱することで、太陽の光は地球とは異なる見え方をします。それがよく表れているのが夕焼けです。地球では大気が波長の短い光を強く散乱させることで、波長の長い赤い光ばかりが遠くまで到達し、夕焼けが赤く見えます。それに対し、大気が薄い火星では、可視光の波長と同じくらいのサイズを持つダストが赤の波長を強く散乱させて地表に届きにくくすることで、青白い夕焼け（青い夕焼け）が観察されます。昼は太陽光が比較的上方向から差し込むため、赤い光の散乱は夕焼けどきほど強くありません。そのため、昼の火星の空は、適度に散乱された光によって赤い色をしています。青い光が適度に散乱されて空が青く見える地球とは対照的です。

このように、大気の圧力や成分の違いにより、同じように四季のある地球と火星でも、全く異なる気象現象が生じています。火星旅行では、地面（岩石や地層）だけでなく、空にも注目してみてください。

火星隕石――地球へ飛来する火星火山活動の痕跡

地球には、火星を由来とする岩石、つまり火星隕石《いんせき》がいくつか飛来しているのをご存じでしょうか。火星隕石は、火星に天体が衝突することにより弾き飛ばされた岩石が、火星の重力圏を超え、地球の公転軌道までやってくることにより、地球にもたらされます。２０２１年8月現在、３１０個の火星隕石が見つかっていて、その大半が発見されたのは南極およびサハラ砂漠です。というのも、火星隕石に限らず隕石は岩石であることが多く、地球上では隕石以外の岩石と見分けがつきません。一方、南極や砂漠は、氷や砂で表面が覆われていることが多いため、比較的容易に岩石である隕石を見つけることができるのです。

我々が手にしている火星隕石は、全て火星の火山活動でできた火山岩です。一方、火星の表面には火山岩だけでなく、かつて存在していた海や湖の底に溜まってできた堆積岩も多く存在します。昔の火星の海や湖のことを知りたければ、この堆積岩を調べるべきなのですが、残念ながら堆積岩の火星隕石はいまだに見つかっていません。ですが、ＮＡＳＡが２０２０年に火星に送った探査車パーシビアランスは、かつて湖だったと考えられているジェゼロ・クレーター（Jezero crater）から底に溜まった堆積物を持って帰ることを目的としています。２０３０年代には、パーシビアランスから始まった火星サンプルリターンミッションによって、火星の堆積岩が初めて地球にもたらされるかもしれません。

ところで、そもそも火星隕石は、なぜ火星からやってきたのだと分かるでしょう？

それは火星隕石に、ほかの隕石（ほとんど小惑星由来）とは大きく異なる特徴があるからです。

一つは年代が若いことです。火星隕石の多くは10億年前よりも後の時代にできた岩石になります。10億年と聞くと古いと思われるでしょうが、ほぼ全ての隕石は太陽系ができた年齢である45億年前にできた岩石です。火山岩である隕石の年齢が若いということは、つい最近まで火山活動があった天体から来たことを示していて、それは地球の近くでは火星になります。

もう一つの特徴は、隕石に含まれているガスの成分です。このガスの組成が、ＮＡＳＡの探査機バイキングにより分析された火星大気組成と非常によい一致を示したことで、火星からやってきたと信じられるようになりました。

火星探査の歴史――進化の止まらない火星探査機

火星は、月に続いて最も多くの探査機が送られた天体です。その探査の歴史は、19世紀後半、火星大接近を契機に行われた天文観測にまでさかのぼります。

１８７７年、イタリアの天文学者スキャパレリは、火星に直線的な網目状の模様があることを報告しました。その後、アメリカの天文学者ローウェルは、それら網目模様が幾何《きか》学的な形状をなしていることから、火星生命体による人工運河であると主張。結局、彼の運河説は否定されることになりましたが、火星は単なる天文観測の対象から、地球外生命の存在が示唆される天体として興味が持たれるようになりました。

１９６０年代に入ると、月に続く探査対象として多くの探査機が火星に送られるようになります。初の火星フライバイ（火星の近くを飛ぶこと）を成功させたマリナー４号や火星軌道投入に成功したマリナー９号は多くの画像データを地球に届けました。さらに旧ソ連によるマルス２号が初の火星着陸に成功。着陸後に科学観測を成功させたのはＮＡＳＡによるバイキング計画でした。

バイキング計画では、生命の検出を目指した実験に加え、大気組成分析や地震計測といった様々な観測が行われました。結局、生命の存在を示唆する強力な証拠は得られなかったものの、私たちの火星に関する知識はバイキング計画により大幅に増加したと言えます。

この計画の後、ＮＡＳＡの火星探査の主目的は、火星生命そのもの（あるいはその痕跡）を検出することから、生命の存在可能性に大きな影響をおよぼす「液体の水（およびその痕跡）の検出」に移行していきました。結果、バイキングの後に行われたマーズ・エクスプロレーション・ローバー（Mars Exploration Rover：ＭＥＲ）計画では、水の関与が強く示唆される様々な地質学的証拠が数多く発見されました。また、ＭＥＲ計画に続くフェニックス計画では、地下氷の存在に加え、土壌中から炭酸塩や過塩素酸の検出に成功しています。過塩素酸は生命の存在を危うくする強酸化剤である反面、その過塩素酸をエネルギー源として活動する地球生命も存在することから、火星生命の存在条件を考える上で重要な発見となりました。

２０１２年からは、マーズ・サイエンス・ラボラトリー（Mars Science Laboratory：ＭＳＬ）計画により、ＭＥＲの10倍以上の重量にもおよぶ測定機器を搭載した探査車キュリオシティが、エリシウム平原南部のゲール・クレーターで観測を行っています。キュリオシティでは、水の痕跡の発見に加え、生命活動との関連を示唆する有機物やメタンも検出されています。また、２０２１年からはキュリオシティと同型の探査車パーシビアランスが、ジェゼロ・クレーターで観測を開始。今後も続々と探査機が火星に向かう予定です（第2章のコラムでは火星探査の歴史を振り返る目的で、聖地巡礼プランも提案してありますので、ご参考ください）。

【コラム1】火星はなぜ「火星」なのか？

中国では、古代から陰陽の変化や五行という木・火・土・金・水の性質に基づいて、森羅万象を解釈することが行われてきました。木星、火星、土星、金星、水星の5惑星の名称も陰陽五行説に基づいています。

漢代に成立した『淮南子《えなんじ》』天文訓や『史記』天官書、『漢書』天文志、そして時代は下りますが唐代に成立した『晋書《しんじょ》』天文志など、中国の天文関連の文献を見ると、火星は「熒惑《けいこく》」という名前で呼ばれていたことが分かります。熒惑の「熒」は「ともしび」や「かがやき」という意味です。すでに、秦の時代（紀元前10〜前3世紀）に成立した『呂氏春秋《りょししゅんじゅう》』という書物の制楽篇に、熒惑の名を見ることができます。『史記』天官書中には（『漢書』天文志や『晋書』天文志にも）、熒惑は動乱や飢餓を司っていることが分かる記述が散見されます。西洋では火星は戦争を司る星と見なされてきましたが、中国でも似たような性質だったようです。

そして、陰陽五行の思想によって、この赤く輝く熒惑には、木・火・土・金・水のうち火の性質が当てられ、熒惑は火星とも呼ばれるようになりました。『史記』天官書や『漢書』天文志、『晋書』天文志には、熒惑が「南方」「夏」「火」の印だということが記されています。実際、これらの文献では「熒惑」とともに「火」の1文字で火星を表している箇所が多くあります。また、1世紀の王充《おうじゅう》によって書かれた『論衡《ろんこう》』という書物の訂鬼篇には、「熒惑火星（熒惑は火星）」と、2文字で「火星」と書かれています（山田勝美訳〈1984〉『新釈漢文大系94 論衡 下』明治書院より）。さらに、同じ『論衡』の変虚篇には、先に述べた『呂氏春秋』の熒惑の話が引用されているのですが、『呂氏春秋』で「熒惑果徙三舎（火星は、その言葉通り、三たび星宿を移動した）」となっている部分が、『論衡』では「火星果徙三舎」と、「熒惑」ではなく「火星」の語が使われています（楠山春樹訳〈1996〉『新編漢文選1 呂氏春秋（上）』より）。これらの記述から、王充の時代（後漢のころ）には、熒惑はすでに火星という別名を持っていたようです。ちなみに『論衡』の偶会《ぐうかい》篇や言毒篇にも「火星」という語があるのですが、『新釈漢文大系』（明治書院）によると、こちらの火星は惑星の火星ではなく、さそり座のアンタレスを指しているようです。

それでは、日本における火星はどうかというと、『日本書紀』などの文献を見る限り、日本でも火星は主に「熒惑」と書かれていたことが分かります。ただし、湯浅吉美氏の研究によると、鎌倉時代の『吾妻鏡《あづまかがみ》』では「熒惑」に混じって「火」や「火曜芒」とも書かれており、平安末期の貴族である九条兼実《かねざね》が書いた日記『玉葉』には「火星」の表記もあります。鎌倉時代に書かれた『愚管抄《ぐかんしょう》』の第六巻にも、「太白《たいはく》木星火星トナリ」とあり、金星だけは「太白」と書かれていますが、ほかの二つは「木星」「火星」となっています。野尻抱影氏の『日本星名辞典』によると、江戸時代のころ、火星には「夏日星《なつびほし》（夏火星）」という和名もあったようです。

夏日星は擬人化され、和歌を作ったり子供たちと遊ぶのが好きという、なかなか愉快な性格を持っています。熒惑（火星）が地上に降りると、子供になって歌ったり遊んだりするということは、『晋書』天文志にも書かれており、動乱や飢餓を司る星とは別の性質があったことが分かります。先ほどの『論衡』訂鬼篇には、火星が詩歌や子供と結びついている理由が詳しく書かれています。それによると、火の星（火星）である熒惑は、盛んな陽の気を持っており、子供も陰陽でいうと陽に属するとされていたみたいです。そして、火は五行（木・火・土・金・水）の二番目で、五事（礼節を守る上で大切な五つの事柄）では二つ目が「言」であるため、「火」と「言」が対となって火星が詩歌と結びついたとあります。『新釈漢文大系』の語釈によると、普通「火」は「言」ではなく「視」と対になるようですが、王充は『書経』を引用して「火」と「言」を対としています。確かに『漢書』天文志や『晋書』天文志では、熒惑は「視」にあたるとしています。

　また、これは『日本星名辞典』からの孫引きで申し訳ないのですが、日本の火星に関する伝説には、聖徳太子が関わっているものがあります。土師連八島《はじのむらじやしま》という歌の名人が夜に歌っていると、人がやってきて一緒に歌い出し、勝負をすればその声は人間とは思えないほど素晴らしいものだったそうで、その話を聞いた聖徳太子は、歌を歌ったのは熒惑（火星）だと天皇に伝えたということです。『漢書』天文志や『晋書』天文志には、熒惑は五常（仁・義・礼・智・信）の「礼」にあたり、さらに、軍備や政治をととのえる「天子の理官」だと書かれています。十七条の憲法を制定するなど、摂政として優れた業績を残した聖徳太子は、火星と親和性が高かったのかもしれません。

【コラム2】　新しい火星探査が始まっている

２０２１年は火星探査にとって特別な年でした。新しい火星探査時代が幕開けしたのです。そこで、ここでは過熱する火星探査の現状を、簡単にですがお伝えしようと思います。

火星探査の多国籍・国際化

これまでアメリカや欧州主導で行われることが多かった火星探査に風穴が開きました。２０２１年２月から、アラブ首長国連邦のホープを皮切りに、ＮＡＳＡのパーシビアランス、そして中国の祝融《しゅくゆう》号と３機の探査機が続々と火星に到着したのです。火星にいろいろな国が到達できるようになり、今後の探査活動がますます充実していくことが期待されます。また、２０２０年代後半には地下氷マッピングミッション（International Mars Ice Mapper 計画）がアメリカ、カナダ、イタリア、そして日本の協働で検討されています（コラム6を参照）。さらに、２０３０年代に

図表C2-1　火星の空を飛んだインジェニュイティ
NASA/JPL-Caltech

は日本独自の着陸探査を計画中です。

この「火星探査の多国籍・国際化」の始まった年として、２０２１年は火星探査史に刻まれることでしょう。

ドローン初飛行！

ＮＡＳＡのパーシビアランスは地球外天体で初めてとなる「あるモノ」を火星に持っていきました。それは、ドローンです。インジェニュイティ（創意工夫の意味）と名付けられたこのドローンは、２枚羽の竹とんぼをサイコロに刺して足を生やしたような簡素な作りですが、これがなかなかすごいのです（図表Ｃ２‐１）。これまでに10回以上の飛行に成功し、ランダーやローバーでは乗り越えられないような起伏のある場所へ行ったり、上空からの俯瞰的な写真を撮ったりと、その小さい機体からは考えられないような〝離れワザ〟を繰り出しています。今後の探査ではドローンが大きな役割を果たしていくかもしれません。

火星サンプルリターンミッション始動！

火星に探査機が行くだけの時代が終わろうとしています。火星の地質サンプルを持ち帰るミッションがスタートしているのです。

２０２１年に火星に着陸したパーシビアランスはジェゼロ・クレーターの調査を行っていますが、調査と同時に岩石の採取も行っています。用意したチューブにサンプルを詰めて所定の場所へ集積もしているのです。パーシビアランスの役割はここで終わりで、地球に持ち帰る役目は、今後ＥＳＡ（欧州宇宙機関）とＮＡＳＡが送り込む探査機たちにバトンタッチします。現在の計画では、最速で２０３１年にサンプルを地球に持ち帰る予定です。

われらが日本も負けてはいません。ＪＡＸＡは、２０２９年度に火星の衛星フォボスからサンプルを持ち帰る計画を立てています。火星の近くを周回するフォボスには火星から舞い上がったチリが降り積もっていると考えられており、フォボスから回収した試料にも火星の砂が入っていることでしょう。人類が火星の岩石を手にする日は近い。

第2章

気球でまわる火星一周

——太陽系最大級を巡る旅

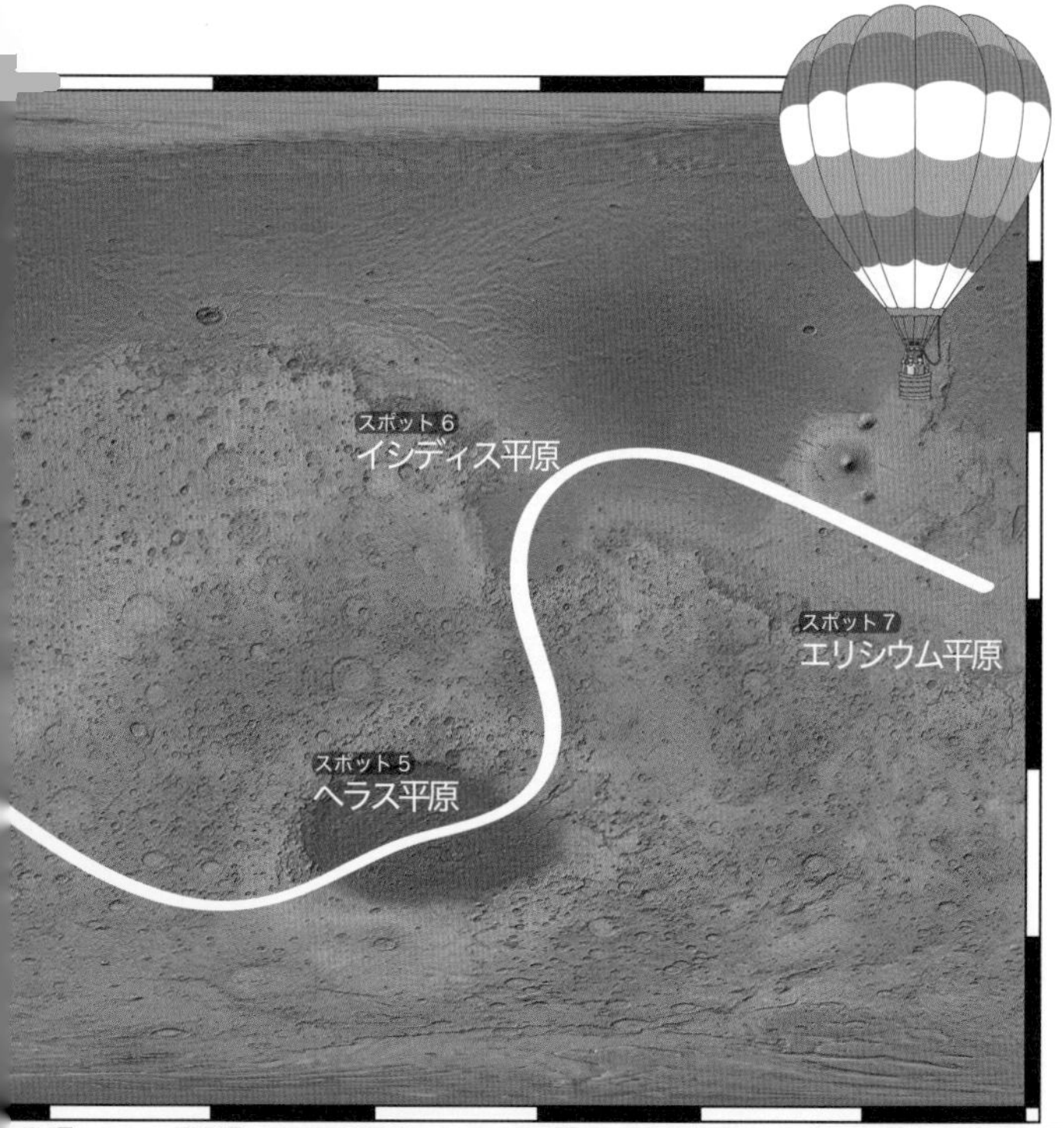
スポット 6
イシディス平原
スポット 7
エリシウム平原
スポット 5
ヘラス平原
0 °E
30 °E
60 °E
90 °E
120 °E
150 °E
180 °E

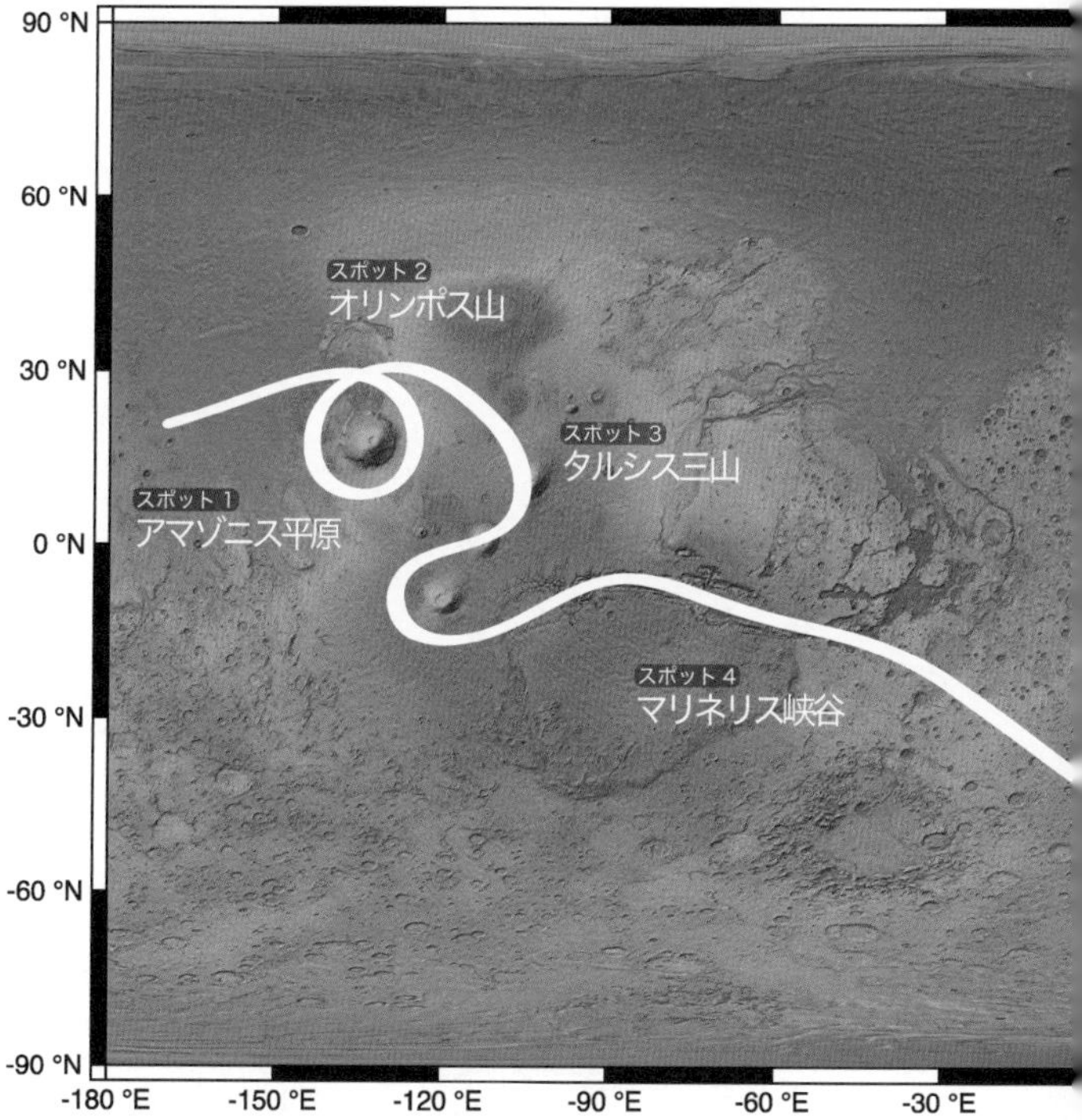

図表２－１　気球で巡る火星一周旅行のルート

第2章では気球に乗って火星を一周するルートをご紹介します。「プロローグ」でも述べましたが、火星で気球を飛ばす研究は1980年代から行われています。今のところ実現にはいたっていませんが（ドローンの飛行は成功しています）、のんびりした旅の雰囲気や上空から撮影された画像の視点と合っているので、この本でも気球の火星巡りというコンセプトを採用したいと思います。

出発地に関しては火星ではなく、火星の衛星フォボスを設定してみました。そこから、ロケットで見渡す限り平地が広がるアマゾニス平原に降り立ち、気球に乗って東向きに移動します。途中、太陽系最大級の火山ともいわれるオリンポス山や、タルシス三山、〝火星の亀裂〟とも言えるようなマリネリス峡谷、ヘラス平原、イシディス平原を経ながら、最終目的地であるエリシウム平原へと向かいます。

紹介するのはどこも特徴的な地形のある場所です。一周することで、地球よりも小さな惑星・火星の、想像を超えるダイナミックな一面を知っていただければ幸いです。

フォボス——なぜ火星の月から出発するのか

図表2-2　火星（左）とフォボス（中央）とダイモス（右）
NASA/JPL-Caltech/GSFC/Univ. of Arizona

前述の通り、本書では火星旅行の出発地点は火星の衛星フォボスになります。

なぜフォボスを経由するのか？　地球から直接火星には降り立たないのか？　そう疑問を持つ人もいると思います。これは単なる思いつきではありません。フォボスに宇宙基地を建てようという計画があるのです。

そもそも、皆さんは火星に二つの月、フォボスとダイモス（図表２‐２）という衛星があるのをご存じでしょうか？　火星に近い内側の軌道を回る衛星がフォボス、それよりも外側の軌道を回っているのがダイモスです。

フォボスは、火星の赤道の上空６０００㎞のところをほぼ円軌道で周回しています。そして、地球の月と同じように、常に同じ面を火星側に向けています。地球の月も表と裏側があり、常に表側（ウサギが餅つきをしている面）を地球に向けて周回していますよね。

ただ、直径約３５００㎞もある地球の月に比べると火星の二つの月はとても小さく、フォボスは約23㎞、ダイモスは約12㎞と、１００分の1以下の大きさしかありません。そのため、重力もとても小さく、地球の２０００分の1、ほとんど無重力です。

フォボスがどんな月か、少しイメージしていただけたでしょうか。今挙げた、

①常に同じ面を火星に向けている
②火星の赤道の上をほぼ円軌道（つまり火星との距離が一定）で周回している
③重力が小さい

という特徴を活かして、ＮＡＳＡやＥＳＡをはじめとした宇宙機関は、フォボスに将来の火星有人探査のための中継基地を作ることを検討しています。というのも、常に同じ面を向けて火星の周りを安定的に周回するフォボスからなら、火星で探査している宇宙飛行士と安定した通信を行えるだけでなく、火星表面で起こる気象の変化を常にモニターして宇宙飛行

士の活動をより強力にサポートすることができるのです。

また、重力がとても小さいがゆえに、フォボス基地から飛び立つ際には大きな脱出エネルギーを必要としません。さらに、放っておくと火星に落ちてしまう人工衛星と違って、火星の衛星は軌道が安定しており、軌道を制御するためのエネルギーも必要としないのです。

もちろん、フォボス基地の建設にはまだまだ知らなければいけないこと、調査しなければならないことがたくさんあります。例えば、フォボスの表土はどのような物質でできていて、どのくらい固い（あるいは柔らかい）のか？　フォボスには基地を作れるような平坦な地面は存在するのか？　そもそも、フォボスはどうやってできたのか？　などなど。こんな基本的なことすら分かっていないので、基地建設の前にまずは、フォボスがどんな天体であるかを知ることが先決です。そこで、ＪＡＸＡではフォボスからのサンプルリターンミッションを計画しています（詳細はコラム3をご参照ください）。

とはいえ、本書ではＪＡＸＡのミッションを待たずに、いつかできるかもしれないフォボスの中継基地から火星旅行を始めましょう。最初の目的地は、赤道付近、オリンポス山の西に広がるアマゾニス平原です。火星赤道上空を7・7時間で周回するフォボス基地からなら、ヒョイッと火星に飛び降りるようにしてアマゾニス平原に向かうことができます。超音速パラシュートとスカイクレーンによって十分に減速しながら安全にアマゾニス平原に着陸したら、さあ火星旅行のスタートです。早速気球に乗り込みましょう。

アマゾニス平原——研究者を悩ませる〝メデューサ〟の住む場所

フォボスから降り立った先、見渡す限り広がるのはアマゾニス平原（図表2-3）です。アマゾニス平原の地表面は滑らかで、隕石衝突によってできたクレーターはほとんど見られません。この地域は、形成されてから間もない、火星で1〜2位を争う若い場所なのです。第1章で出てきたように、火星の地質年代は古い順にノアキス紀、ヘスペリア紀、アマゾニア紀と名づけられていますが、このアマゾニス平原は最新の地質年代名の由来となっているほど新しいことで特徴づけられます。アマゾニス平原の中でも表層年代は場所によって異なりますが、最も新しいエリアは800万年前以内に形成されたと推定されています。800万年前というと、地球では人類の祖先がオランウータンと分かれた後、チンパンジーと分かれる前の時期にあたります。

とはいえ、若いからといってアマゾニス平原は何もない面白みのない場所というわけでは

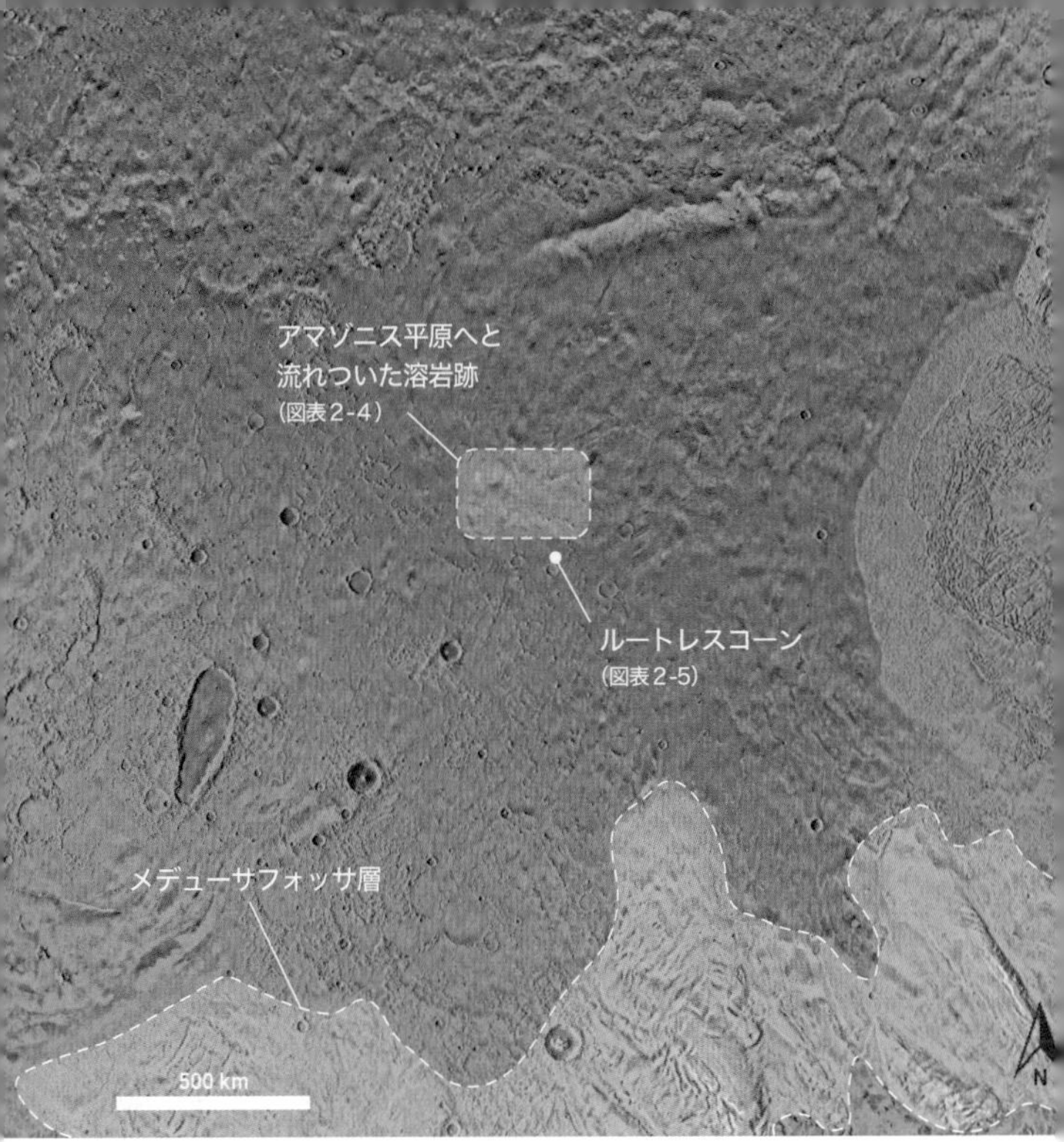

図表2-3　アマゾニス平原
カラーチャートは標高を示す。　NASA/JPL-Caltech/Arizona State University

ありません。むしろ、新しくできた土地というのは、火星ができてからかなりの時間が経った後に地質活動が起きたことを示す場所なので、地質学的に大変面白い場所なのです。実際、アマゾニス平原にも、どうやってできたのか分からない不思議な地形や、火星の刻んだ歴史が垣間見える地形があります。その中からいくつかをここで辿っていきましょう。

西のエリシウム山、東の

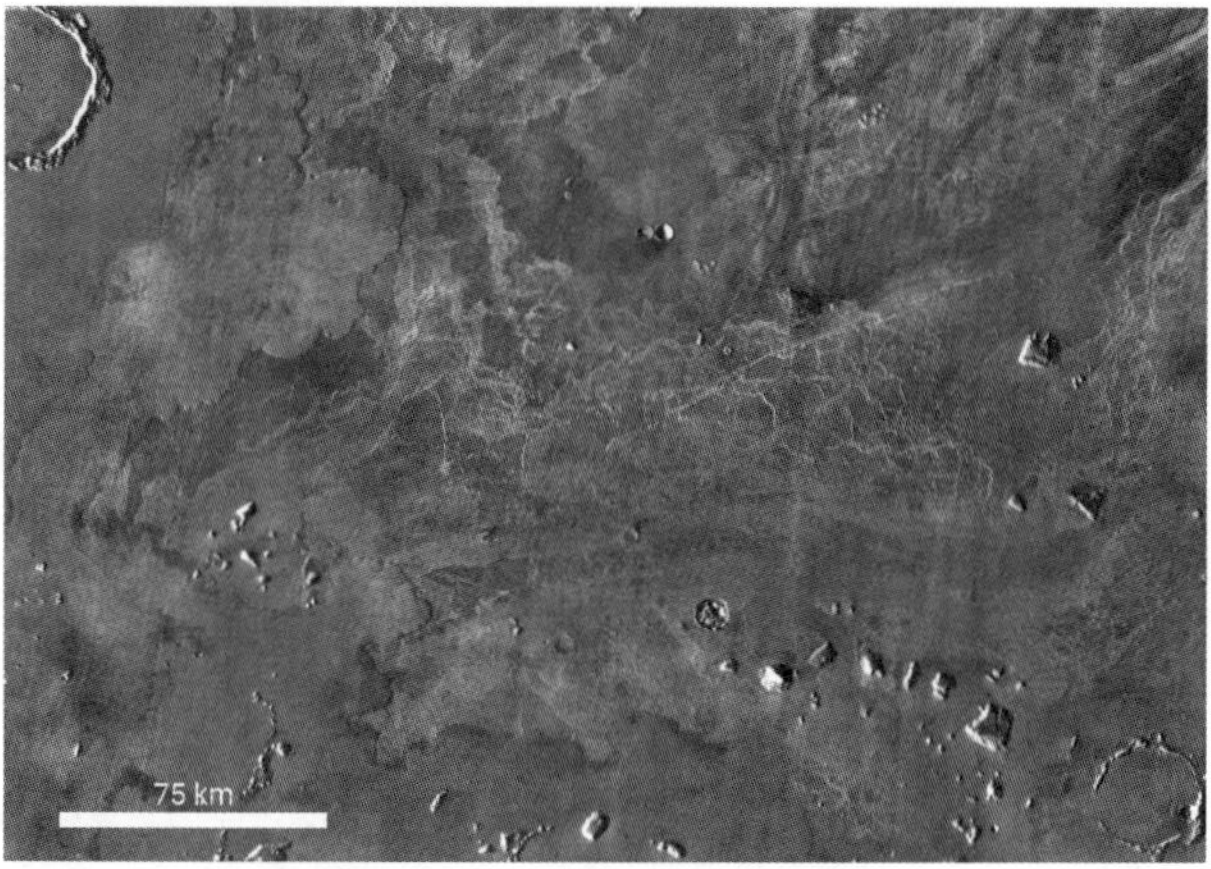

図表2-4　アマゾニス平原へと流れた溶岩の跡
NASA/JPL-Caltech/Arizona State University

オリンポス山に挟まれたこの平原は、周辺から流れてきた洪水堆積物と溶岩流による埋め立てによって形成されました。埋め立てられたことによって平らになっているというわけです。北部に見られるエレバス山は、それら堆積物によって埋められたクレーターリム（クレーターの縁の盛り上がった箇所）の一部であることが、重力の探査から明らかになっています。

　地表面をよく観察してみると、次の目的地であるオリンポス山方面や最後の目的地であるエリシウム平原方面からの溶岩流も見つかります（図表2-4）。一方で、どこから流れてきたのか上流へ辿ってもよく分からないものもあります。これは、後の時代に流れてきた溶岩流や、謎多き広範囲降下堆積物であるメドゥーサフォッサ層に覆われ隠されていることが関係しています。

　メドゥーサフォッサ層は、アマゾニス平原の南を東西に５５００㎞、面積にして２００万㎢に広く分布している巨大な地質体です（日本の国土面積の約５・３倍）。この地層はアマゾニス平原南部にあるメドゥーサ地溝（メドゥーサはギリシャ神話に出てくる蛇の髪を持つ怪物。目が合うと石化させられる）から名前が取られており、火星表層に堆積しているダストの供給源であると考えられています。

　メドゥーサフォッサ層の存在は、長らく火星の謎の一つです。どうしてこんなに広範囲に分布しているのか。正体はなんなのか。そして一体どこからきたのか。多くの研究者がこれらの謎に挑んでいます。

　ある研究では、メドゥーサフォッサ層の正体が爆発的な噴火で形成された火山灰であると仮定し、堆積シミュレーションを行っています。その結果では、アマゾニス平原の南東にあるアポロナリス山やタルシス地域のアルシア山といった火山が、供給源である可能性が高いそうです。また、最近の研究では、オリンポス山の基部を構成している水冷破砕岩（噴出した溶岩が、水で冷やされて砕けたもの）が、山体が崩壊した際に大気や当時存在していたであ

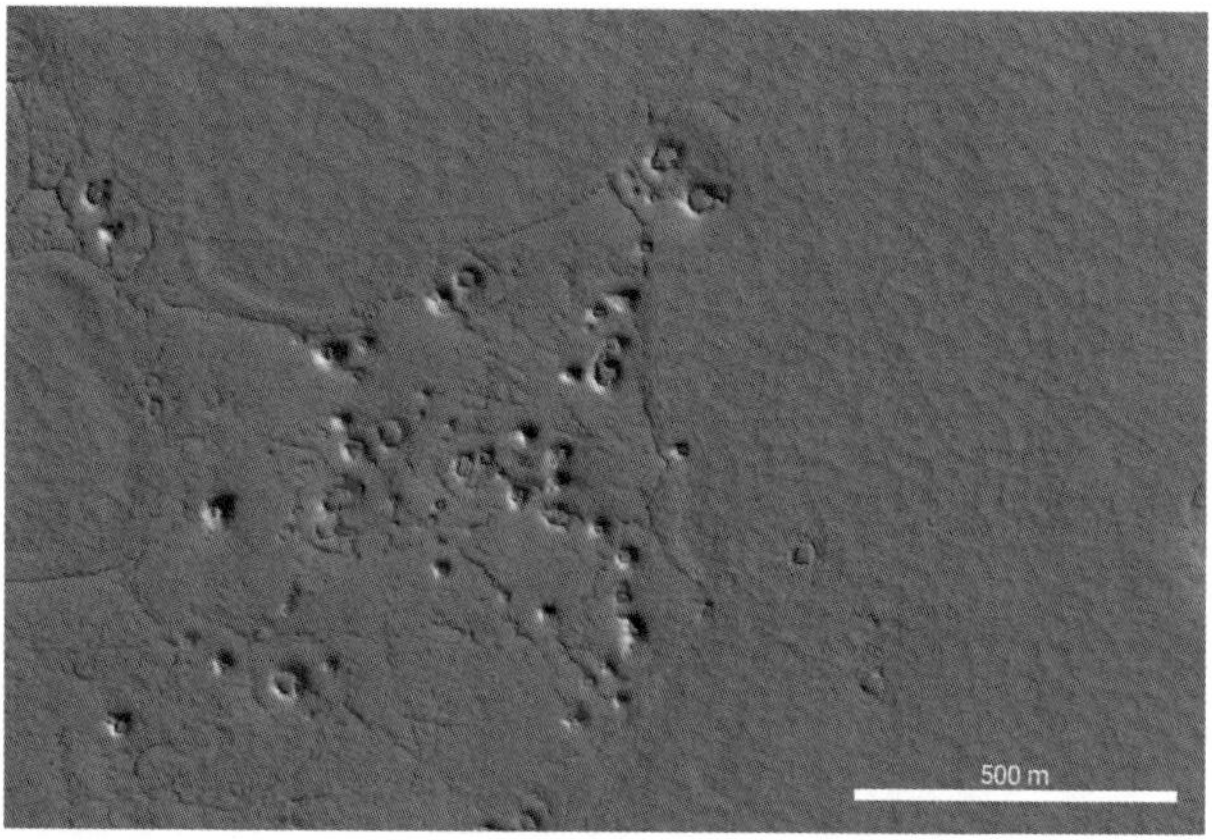

図表2-5　アマゾニス平原に見られるルートレスコーン
HiRISE : ESP_030258_2025　NASA/JPL/University of Arizona

ろう海洋によって運ばれ広く堆積したのではないかという説も提唱されています。

謎の堆積物メドゥーサフォッサ層。〝退治〟できる日はいつになるでしょうか。

溶岩流の上をもう少し注意深く観察してみましょう。ところどころ小さい山が密集している場所があります（図表2-5）。並び方を見てみると、ランダムに配置されているものもあれば、直線的に並んでいるものもあります。この直径100m以下の小さい山々はなんなのでしょうか。

実は、これらはミニチュア火山なのです。

通常の火山は、地下深くから上昇したマグマが地表に到達することで形成されます。地表に到達したマグマは、火山灰などの火山砕屑物《かさんさいせつぶつ》や溶岩となって噴火地点の周囲に堆積・流出します。このうち溶岩は、いったん流れ道ができると、どんどん遠くまで流れていきます。

この溶岩の流れて行った先に川や湖、海などの水環境があると何が起きるでしょうか。溶岩が水を含んだ地層（含水層）を覆うと、地層中の水が加熱されて水蒸気になります。こうして発生する水蒸気は上を覆う溶岩によって閉じ込められていますが、水蒸気が大量に発生すると溶岩下部の圧力がどんどん高まります。

こうした状況下で何かの拍子に圧力の均衡が崩れると、水蒸気が溶岩を突き破って爆発が起こります。さらに、この爆発によって溶岩と含水層の接触面積が劇的に増え、爆発は連鎖的に進行。溶岩片や含水層が周囲に吹き散らされ堆積します（図表2‐6）。このようにして爆発点を中心としてできる小さい山、これがミニチュア火山の正体です。これらの火山は通常の火山と違って、根っこ（地下深くからのマグマの供給）がないという意味で、ルートレスコーン（ルート：根っこ＋レス：ない）と呼ばれています。また、本当の火山ではないという意味でシュードー・クレーター（日本語で偽火山の意味）と呼ばれることもあります。

先ほど、ルートレスコーンの分布にはランダムタイプや直線タイプがあると言いましたが、これは溶岩の流れ方が関係しているようです。コーンの並び方がランダムな場合は面的に、

①

含水層が溶岩に覆われると、地層中の水分が溶岩で加熱され水蒸気が発生する。水蒸気により溶岩下部の圧力が上昇する。

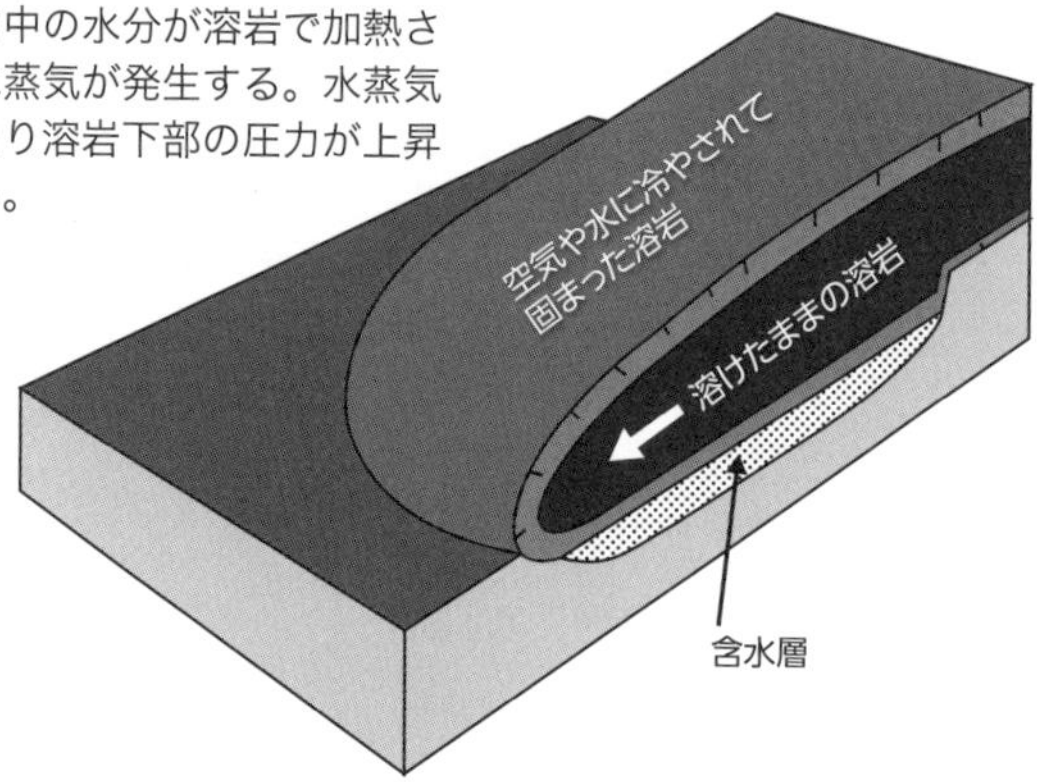

②

何かの拍子に圧力の均衡が崩壊すると爆発が起こる。周囲に溶岩片などが堆積して小さな山ができる。

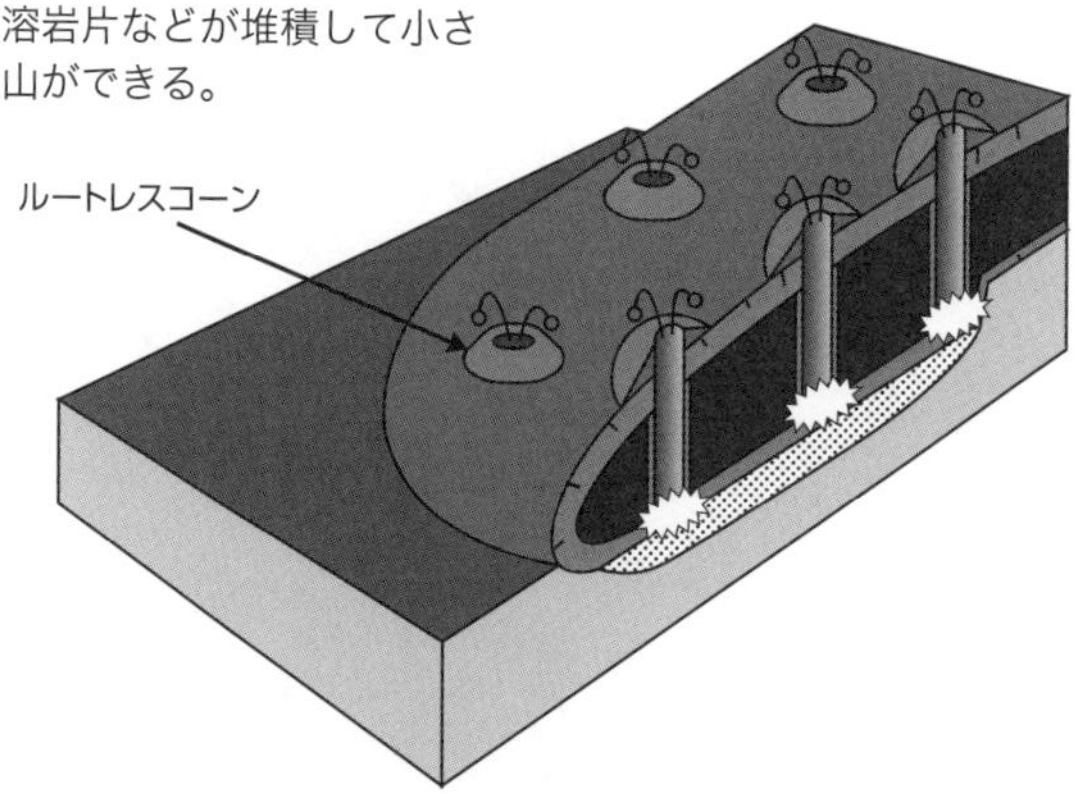

図表2-6　ルートレスコーンの成りたち

直線的な場合は河川状に溶岩が流れたことを示していると考えられています。

さて、ここまでルートレスコーンのでき方を説明してきましたが、お気づきでしょうか。そう、ルートレスコーンの存在は、溶岩が流れていた時期に地下のごく浅いところに水や氷があったことを示しているのです。アマゾニス平原での火山活動が最近800万年以内であったことから考えると、結構最近でも火星の表層近くでは水が存在していたようです。

ミニチュア火山、ルートレスコーン。火山活動の様子だけでなく当時の表層環境を知る手がかりにもなって面白いですね。ルートレスコーンは、火星のあちこちで見られますので、溶岩原へお出かけの際はぜひ探してみてください。

さあ、次は火星の一大スポット、オリンポス山に向かいましょう。

オリンポス山――太陽系一高い山?

火星の北緯17・3度、東経226・3度。この場所にあるのが、火星の火山オリンポス山です（図表2-7）。標高は約21・1㎞。地球の最高峰であるエベレストと比べても3倍近く高い山です。ジェット機の飛行高度（約10㎞）と比べても2倍以上で、オリンポス山が私た

図表2－7　オリンポス山
カラーチャートは標高を示す。　NASA/JPL-Caltech/Arizona State University

ちの想像を超える高さであることが分かるのではないでしょうか。太陽系においてもオリンポス山は最も高い火山もしくは山になります。

　オリンポス山の地形に関する詳しい説明は、第3章のオリンポス登山で述べるので、ここではオリンポス山の高さについて詳しくみていきましょう。

　先ほど「最も高い山」とせずに、「最も高い火山もしくは山」とややこしく説明したのには理由があります。オリンポス山は長らく、太陽系で一番高い山とされてきました。しかし、ドーンという探査機が火星と木星の間にあるヴェスタという小惑星を調べた結果、大きなクレーターの中にできた中央丘（衝突による衝撃で盛り上がったクレーターの中心部分）は、周囲から約22kmの高さにまで達していることが明らかになったのです。

数字だけを見ると、これはオリンポス山の標高よりも高く、実際、太陽系で最も高い山はヴェスタにあると紹介されることもあります。しかし、そう言い切るには少し注意が必要です。

先ほど、オリンポス山の標高は約21・１kmであると述べましたが、そもそも火星の標高とはなんなのでしょうか。地球では平均海面からの高さを標高と定義しています。しかし、現在の火星に海はありません。そのため、火星で標高を定義するには何かしら基準となる面が必要です。

それがどう定義されているかというと、マーズ・グローバル・サーベイヤーという探査衛星が観測を行う前は、気圧が６・１mbとなる面を標高０ｍとしていました。この６・１mbという値は水の三重点（気体・液体・固体が共存できるときの圧力および温度）に相当します。

しかし、気圧を基準として標高を計算すると、データ間でのばらつきが大きくなることが分かってきたため、マーズ・グローバル・サーベイヤーでは、新しい基準として、重力モデルを用いた面が使われるようになりました。等しい重力ポテンシャル（ここでいう重力とは火星による引力と自転による遠心力を合計したときの力）の場所を繋ぎ合わせれば、一つの面（等ポテンシャル面）ができますが、緯度0度の赤道上で、火星の中心から等ポテンシャル面までの距離の平均をとったときに、その平均距離が火星の赤道の平均半径3396㎞に等しくなるような等ポテンシャル面、これを新しい標高0mとしたのです。ややこしい定義なので、もう少しいいかげんに言うと、次のようになります。

例えば、現在の火星では雨は降りませんが、火星全体に大雨が降ったと仮定してください。地面にしみこむ影響などを無視すれば、地表には徐々に水が溜まっていきます。このとき、赤道上の地表が水に隠れるか隠れないかというところで雨がやんだとします。もちろん、火星だって地面はデコボコしているので、水の下に沈む場所や逆に水から顔を出す場所もあるでしょう。しかし、平均的に見て、赤道上の地面と水面が同じくらいになるまで火星に水が溜まったとします。波がおさまって水面が静かになったとき、その水面がこの定義では標高0mです。

オリンポス山の山頂は、この基準面より約21・1㎞高いところにあることになります。また、オリンポス山の周囲は、この基準面よりも低い場所にあります。そのため、周囲の標高はマイナスとなり、その周囲を基準にすれば、オリンポス山山頂までの高さ（起伏）は標高よりも大きくなるのです。実際に、ある報告（Plescia. 2004）では標高が約21・1㎞であるのに対し、起伏は約21・9㎞とされています。周囲からの高さを比べた場合、オリンポス山とヴェスタの中央丘（約22㎞）はあまり差がなくなってくるのです。

そうすると、問題となるのは約22㎞というヴェスタの中央丘の高さなのですが、観測データの不確定性などもあって、この値をさらに細かく何メートルと決定するまでにはいたっていません。また、これはオリンポス山にも言えることなのですが、周囲からの高さというのは、周囲のどこから測るかで値が変わってしまいます。実際に先ほどの報告とは異なり、オリンポス山の周囲からの高さを21・7㎞（2万1665・4m）としている研究もあります（Smith et al. 2001）。そのため、オリンポス山とヴェスタのクレーター中央丘のどちらが太陽系で最も高い山なのかについては、もう少し詳細な観測や解析が必要です。もし、ヴェスタの中央丘の方が高いならば、オリンポス山は太陽系で2番目に高い山、火山としては最高峰ということになります。

しかし、太陽系で最も高い山がどちらなのかについては今後の課題だとしても、オリンポス山が太陽系有数の高い山であることには変わりありません。しかも、ヴェスタの中央丘と異なり、オリンポス山は火山です。ハワイの火山と同じ、楯状火山とよばれる火山に分類されるオリンポス山は、何十億年もの間に何度も噴火を繰り返してきたことで、面白い特徴をいくつも持っています。そんな興味深い地形の数々は第3章で詳しく紹介しますので、ここでは次の目的地へと向かいましょう。

タルシス三山――火星の軸を傾けるほどの巨大な火山群

オリンポス山を過ぎると、次に見えてくるのは緩やかな台地、タルシス台地の上に直線に並ぶ三つの巨大火山です（図表2‐8）。この北東‐南西方向に並んだ山々は、まとめてタルシス三山と呼ばれています。

この三つの巨大な山以外にも、タルシス三山周辺には小さな（と言ってもいずれも富士山の3倍近くあるのですが）山がいくつか見られます。それらの小さな山々はトーラス（小さなドーム状の山もしくは丘）と呼ばれるタイプの火山です。タルシス三山からの溶岩流で周りを囲まれていることから、タルシス三山よりも古い時代にできたと考えられています。

タルシス三山は、古代のスペインにあったタルテッソスという都市から名づけられており、東と西を繋ぐという意味が込められているそうです。三山はそれぞれにも名前がつけられて

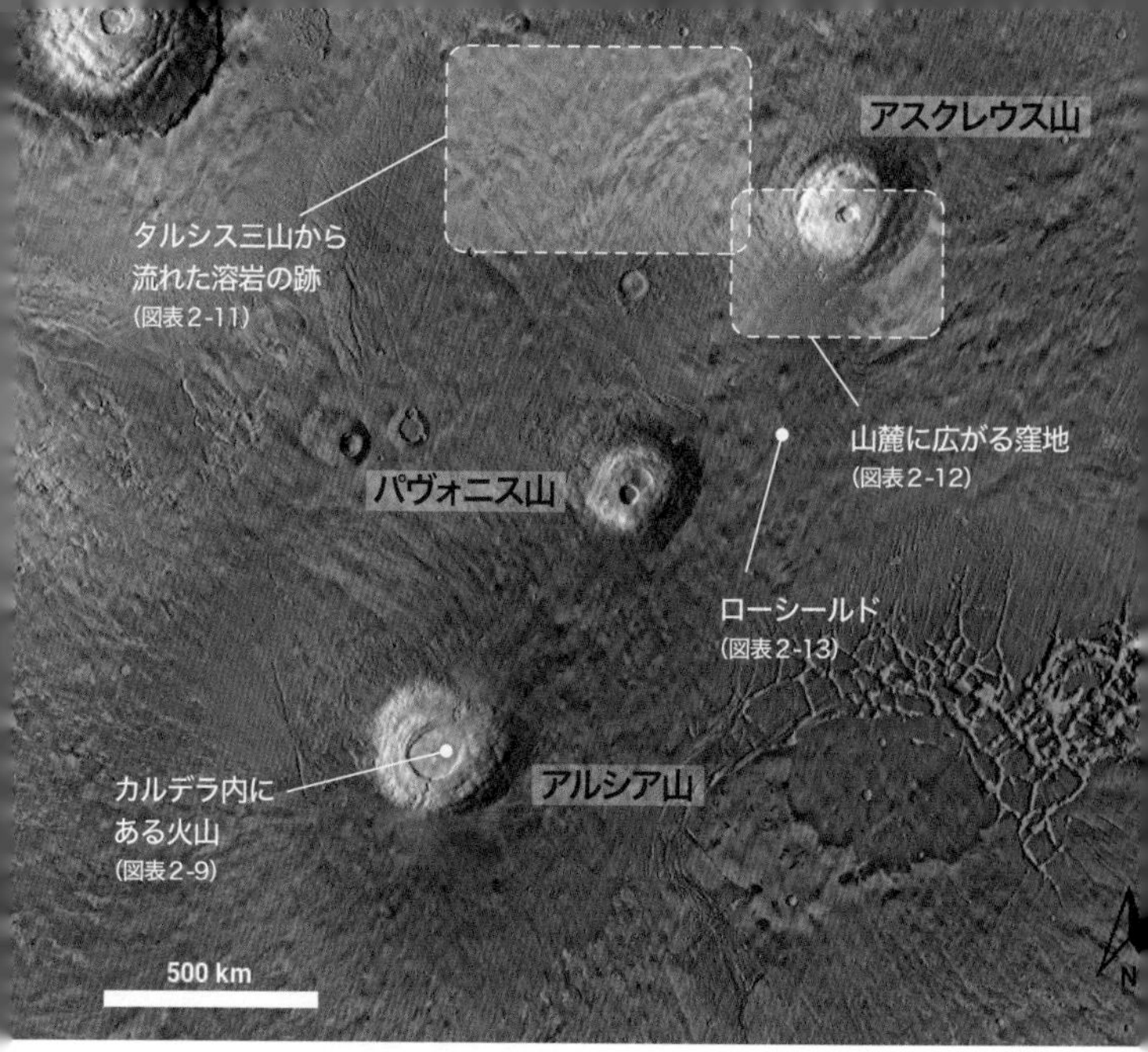

図表2-8　タルシス三山
カラーチャートは標高を示す。　NASA/JPL-Caltech/Arizona State University

いて、北から順に、アスクレウス山(「田舎」の詩的表現)、パヴォニス山(ラテン語で「孔雀の山」という意味)、アルシア山(古代ローマの森の名前が由来)と名づけられています。いずれも、斜面角度7度未満、直径400km前後の巨大楯状火山で、山頂にカルデラ(火山活動によってできる円形・円弧状の凹地)を持つ、北東・南西斜面から溶岩流が扇状に広がっている、オリンポス山と同様に山体北西に氷河地形が見られるなどの共通点があります。

一方で、よく見るとそれぞれに個性もあります。一番北のアスクレウス山は幾重《いくえ》もの山頂カルデラを持っており、

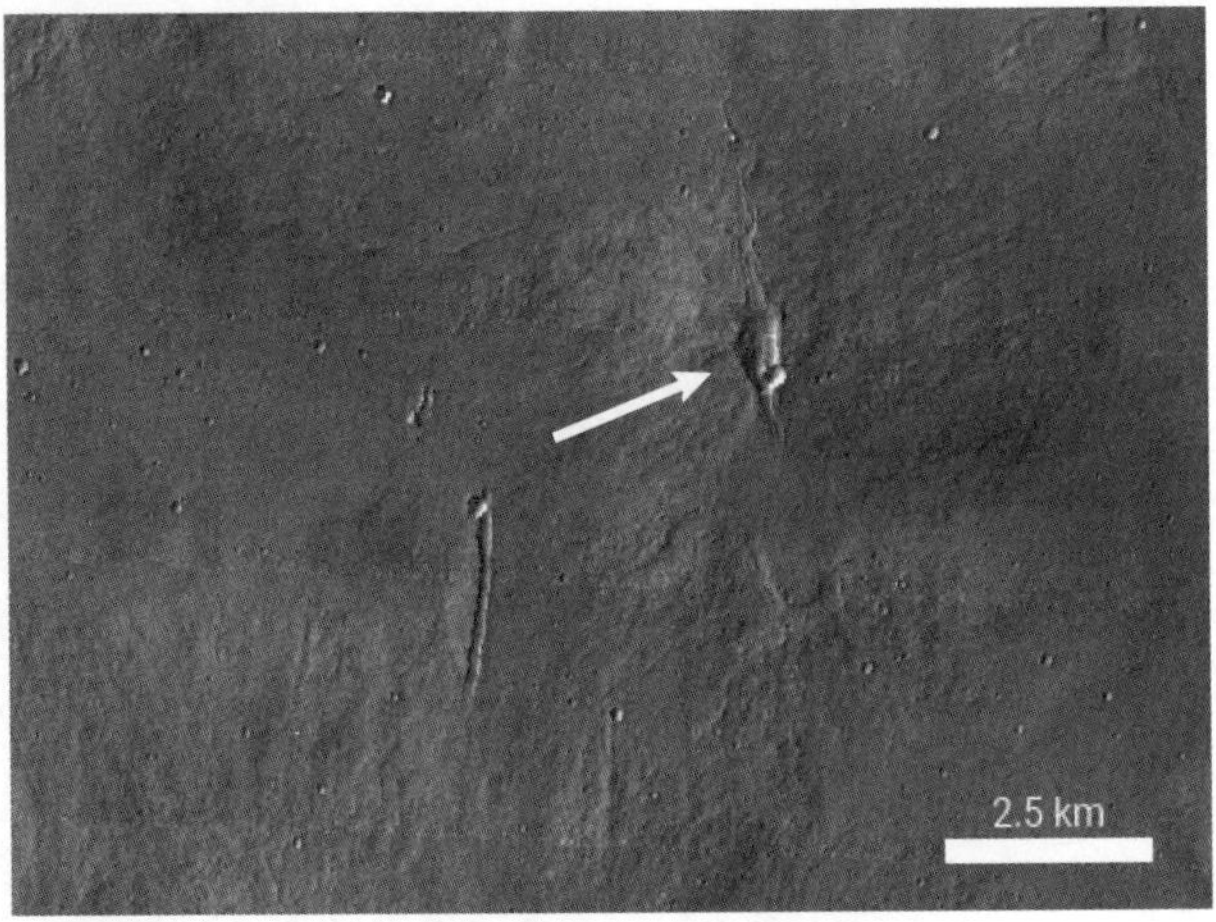

図表2－9　アルシア山のカルデラ内にある火山
THEMIS：V04399002　NASA/JPL/Arizona State University

カルデラ底の年代検証から、タルシス三山の中で一番最近まで活動していたのではないかと考えられています。真ん中のパヴォニス山は、ほかの二つと比べるとやや小さく高さも低いのですが、一番深いカルデラを持ちます（およそ４・８㎞）。一番南のアルシア山は、タルシス三山のほかの火山に比べて大きく底の浅いカルデラが目立ちます。このカルデラは直径がなんと１３０㎞にもおよび、東京と神奈川がすっぽり収まってしまう大きさです。カルデラの中には小さい火山がいくつも見られ（図表２-９）、面白いことにタルシス三山と同じく北東-南西方向に並んでいます。

ちなみに、アルシア山ではタイミングに

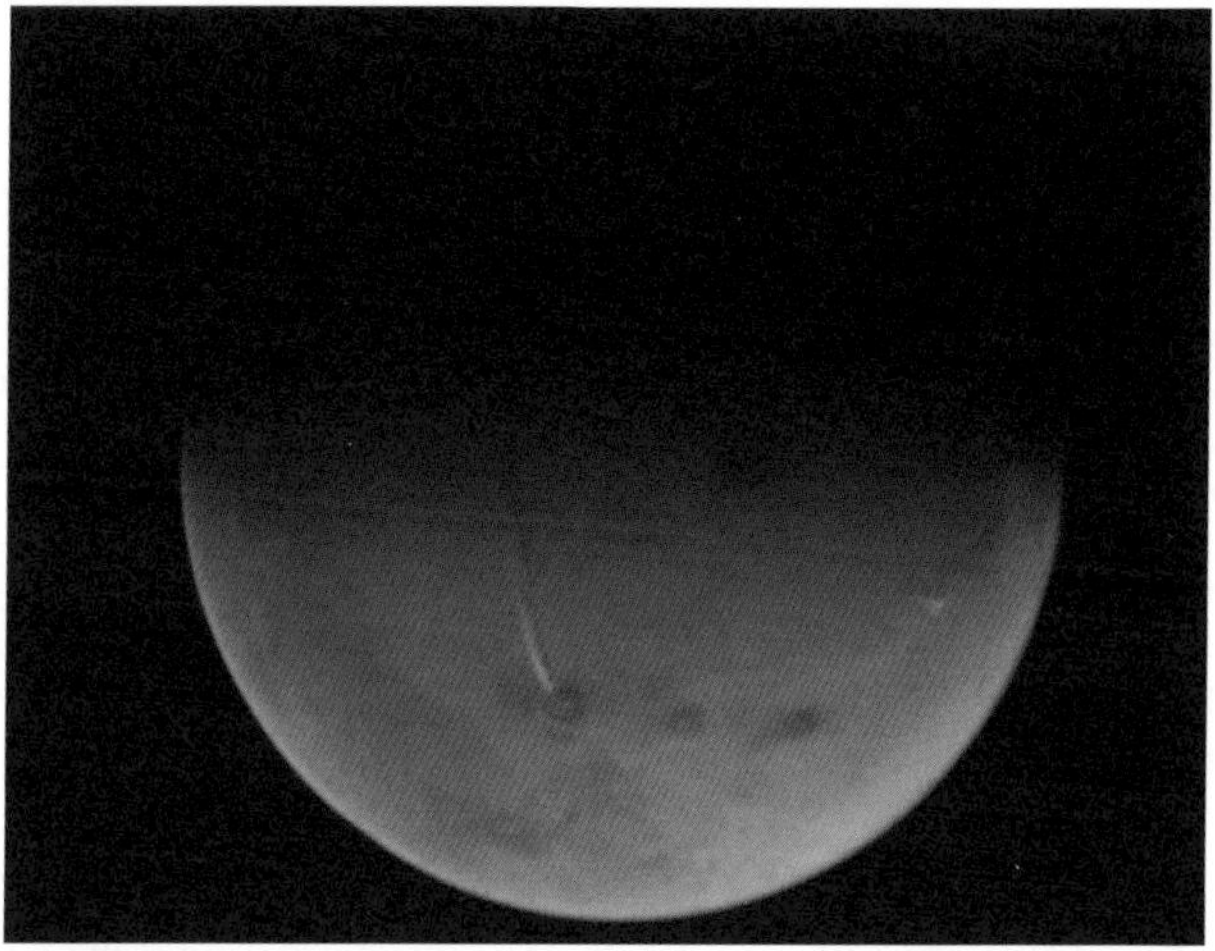

図表2-10　アルシア山から伸びる雲
European Space Agency, creativecommons.org/licenses/by-sa/3.0/igo/ CC BY-SA 3.0 IGO (https://www.flickr.com/photos/esa_marswebcam/44927780181)

よってはちょっとびっくりする光景も見られます。なんと、朝早くに山頂から南西方向に長くたなびく雲が出現するのです（図表2-10）。あまりにもくっきりかつ細長い雲なので、火山噴火による噴煙ではないかと見間違うほどですが、安心してください。実際は、アルシア山の斜面にぶつかって上昇した湿った大気が、上空で冷やされて生じた地形性の雲です。

ここからはタルシス三山の成りたちについて目を向けてみましょう。そもそもタルシス三山はどうして直線に並んでいるのでしょうか。それを紐解くには火星地下の活動が鍵を握ります。

タルシス地域での火山活動は37億年以上前のノアキス紀に始まり、以降、噴火を続けて大きな台地・山体を形作りました。これまでの調査によると、アスクレウス山やアルシア山では最近1億年前までカルデラ内で活動があったことが明らかになっています。つまり、火星の歴史のほとんどの期間で活動していたことになるのです。さらに、高解像度画像を用いて溶岩流のパターンを丹念に調べた結果、タルシス三山はマントルプルーム（地下から上昇するマグマの流れ）が南西から北東に遷移することによって南のアルシア山から順々に形成されていったことが分かりました。つまり、タルシス三山は地下深くのマグマそのものが、移動することによって形成されたと考えられるのです。

プレートテクトニクスのある地球では、マントルプルームの上にあるプレートが動くことによって火山島がチェーンのように連なる構造（例えば、ハワイ諸島）ができますが、プレートテクトニクスのない火星ではマグマそのものが動くという地球とは逆のことが起こったようです。一方で、マントルプルームがどうしてこの方向に遷移していったのかは現在も明らかにはなっていません。

巨大火山を三つも作ったという点でもすごいですが、火山活動が長寿命であることや未解明の遷移メカニズムという点からもタルシス三山地下のマントルプルームは興味深いですね。

タルシス三山の周囲にも目を向けてみましょう。三山から流れ出た無数の溶岩流は周囲を覆い尽くしています（図表２‐11）。幾重にも重なり合っていて噴出源の特定は難しいのですが、長いものだと１０００km以上流れたようです。

山体周囲には同心円状や放射状に溝や窪地も点在しています（図表２‐12）。溝や窪地の形は多種多様で、不規則に曲がりくねっていたり連なっていたりするものも。これらは溶岩によって形作られたものであると考えられています。

とりわけ興味深いのは、地表にぽっかりと開いた孔《あな》です。溶岩が流れる際、表面が先に冷え固まると天井や壁ができてトンネルを作り、溶岩はその中を流れるようになります。その後、溶岩が流れ去ると、結果としてそのトンネルはただの空洞に。これは溶岩チューブと呼ばれています。ここで、溶岩チューブの一部の天井が何かの拍子に崩落したとしましょう。そこにはぽっかりと穴ができますね。この穴（孔）はスカイライトと呼ばれ、これこそがタルシス三山の溶岩流上で見られる不規則な溝・窪地の正体であると考えられています。スカイライトは地球上でも富士山周辺やハワイ島などに存在し、地球や火星以外では、月でいくつか見つかっている縦に深い孔（縦孔）も、溶岩チューブにできたスカイライトではないか

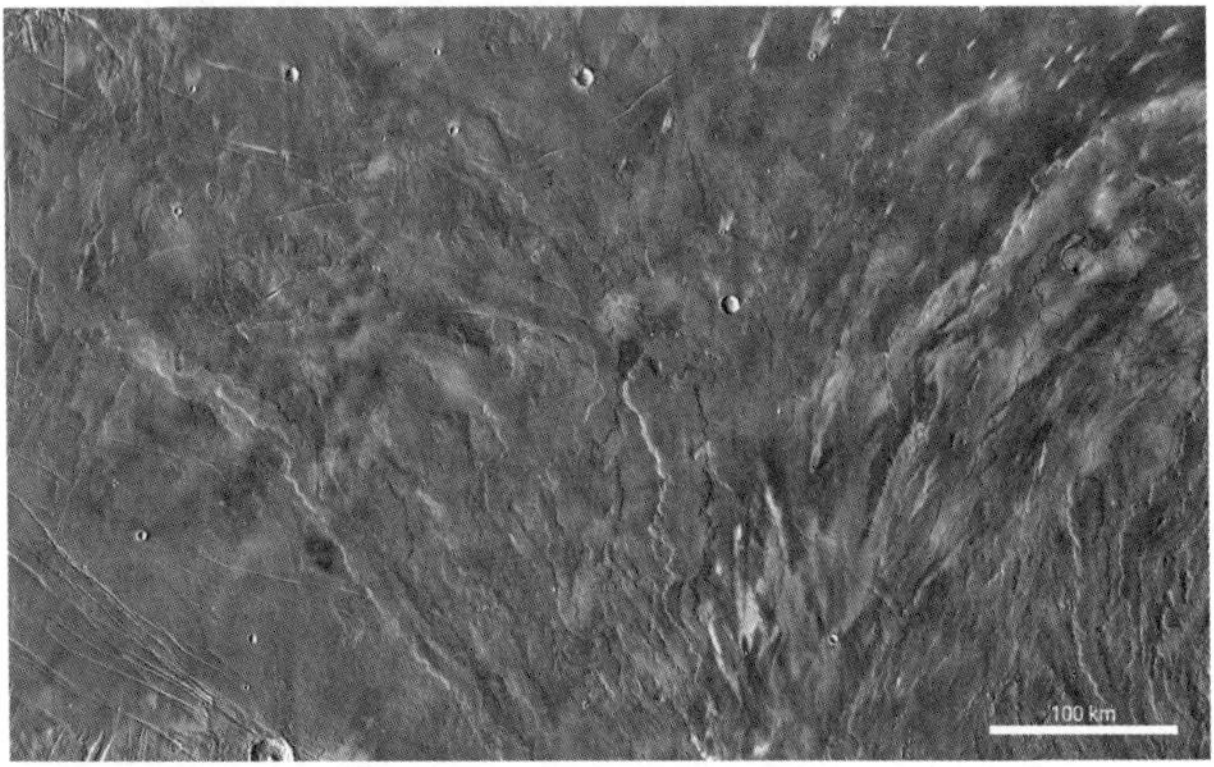

図表2-11　タルシス三山から流れた溶岩の跡
NASA/JPL-Caltech/Arizona State University

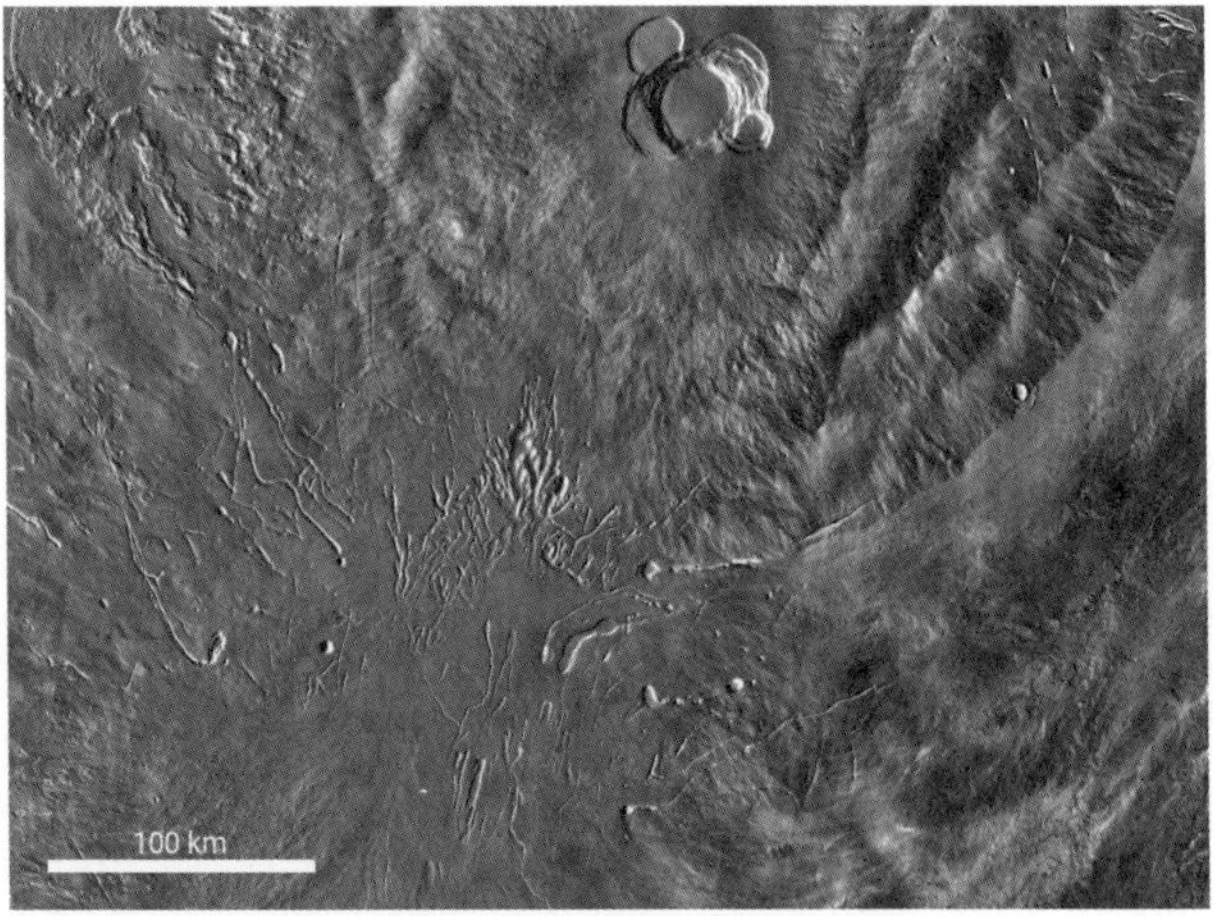

図表2-12　アスクレウス山の南西に分布する窪地
NASA/JPL-Caltech/Arizona State University

と考えられています。

この溶岩チューブとスカイライトは、山の成り立ちを研究する上でも興味深い地形ですが、空洞という特徴が宇宙開発においても大きな利点をもたらします。それは、溶岩チューブの中に、人や機械が入れるということです。

大気の薄い火星では、地表は絶えず放射線や隕石にさらされています。こうした環境は人類にとって大きな脅威です。しかし、分厚い天井に覆われた溶岩チューブの内部なら、地表に比べてそれらの脅威を減らすことができます。実際、月では、溶岩チューブを基地として使う計画が立てられています。ただし、スカイライト（と思われる縦孔）の底までは深さが数十メートル以上もあり、人や探査車が中に入るには、ワイヤーなど何かしらの準備が必要です（ドローンや気球でも簡単なことではないでしょう）。さらに、今のところ月も火星も、縦孔内部の奥がどうなっているのか分かっていません。溶岩チューブだとしたら、中には広い空間が存在している可能性が高いのですが、内部探査が行われていないので確認はできていない状況です。いつの日か、火星の縦孔探査が行われる日を楽しみに待ちましょう。

このほか、タルシス三山南東にある溶岩原の上にはローシールド（Low shield）と呼ばれる傾斜の緩やかな小さい火山も見られます（図表2-13）。ただ、「小さい」と言っても、

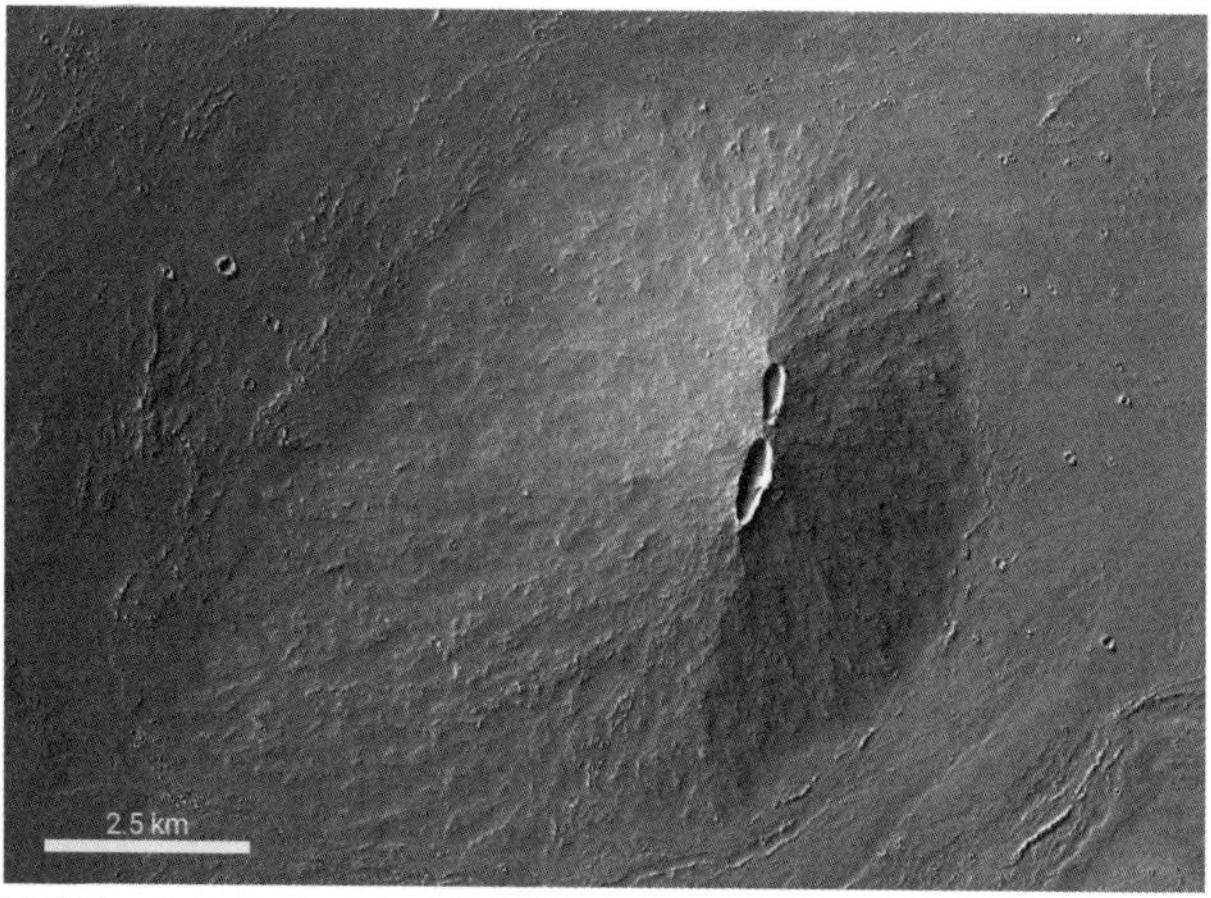

図表2-13　タルシス三山南東にあるローシールド
CTX：G22_026867_1823_XN_02N106W
NASA/JPL/University of Arizona

ローシールドの中には直径30km以上におよぶものもあり、直径だけなら富士山クラス。これらの火山は、最近5億年以内にできたと考えられており、37億年以上前から活動を続けているタルシス台地での火山活動はまだまだ元気なようです。

ここまでタルシス三山を中心にいくつかの興味深い地形を紹介してきました。タルシス台地にはまだまだお伝えしたい興味深い場所がありますが、ここでは最後にその巨大さゆえのエピソードを紹介して、次の目的地へと移りたいと思います。

前述の通り、直径30kmにおよぶ火山までミニチュアのように見えてしまうほど巨大なタルシス三山。その存在は天体の見た目だけではなく、なんと極の位置にまで影響をおよぼしました。

ノアキス紀から前期ヘスペリア紀にかけて形成されたバレーネットワーク（枝分かれした谷状の地形、水が流れてできたと考えられている）の分布を見てみましょう。ほとんどの経度帯でバレーネットワークは低緯度（北緯30度〜南緯30度）にあるのに対し、タルシス三山の経度帯では南緯60度あたりにまで広がっています。

これは何を表しているのでしょうか。

火星が安定して自転していたところに質量の巨大な火山体が形成されると、自転が不安定になります。その結果、安定となるように自転軸が変動（つまり火星が回転）して以前はもっと南（北）にあった北極（南極）が20度ほど移動することに。かつてはもっと北にあったタルシス三山が赤道のあたりにくることになりました。つまり、バレーネットワークの形成後に超巨大なタルシス三山の影響で自転軸の傾きが変化したために、現在の自転軸を基準にすると見かけ上歪んだ分布になっているのではないかと推測されているのです。

巨大な山ができたことによって自転軸の傾きが変わるなんて、ダイナミックですよね。火星は地球より小さいのに、やることなすことスケールが大きくて驚きます。

マリネリス峡谷――〝火星の裂け目〟

タルシス台地から東、次に見えてくるのは峡谷……なはずですが、あまりにも巨大で峡谷には見えないですね。ここはマリネリス峡谷です（図表２‐14）。最大幅３００km、長さ４０００km、最大で深さ７kmの巨大な谷群で、よく見てみるといくつもの谷に分かれています。谷の壁面には無数の地層が露出していて、地球のグランドキャニオンのようです。ですが、グランドキャニオンが最大幅29km、長さ４４６km、最大深度１・８kmであることを考えるとスケールがまるで違います。〝火星の裂け目〟と言っても過言ではない大きさです（図表２‐15）。

これほどまでに巨大な谷はどうやってできたのでしょうか。地球のグランドキャニオンは、河川による浸食が大地を削り谷を作りましたが、マリネリス峡谷も同様でしょうか。

火星研究黎明期におけるマリネリス峡谷は、北東部に河川地形が見られることもあり、グランドキャニオンと同じように、水による浸食が形作ったと考えられていました。しかし、その後の研究では、その原型は地殻変動によってできた地溝であり、河川による浸食や壁の

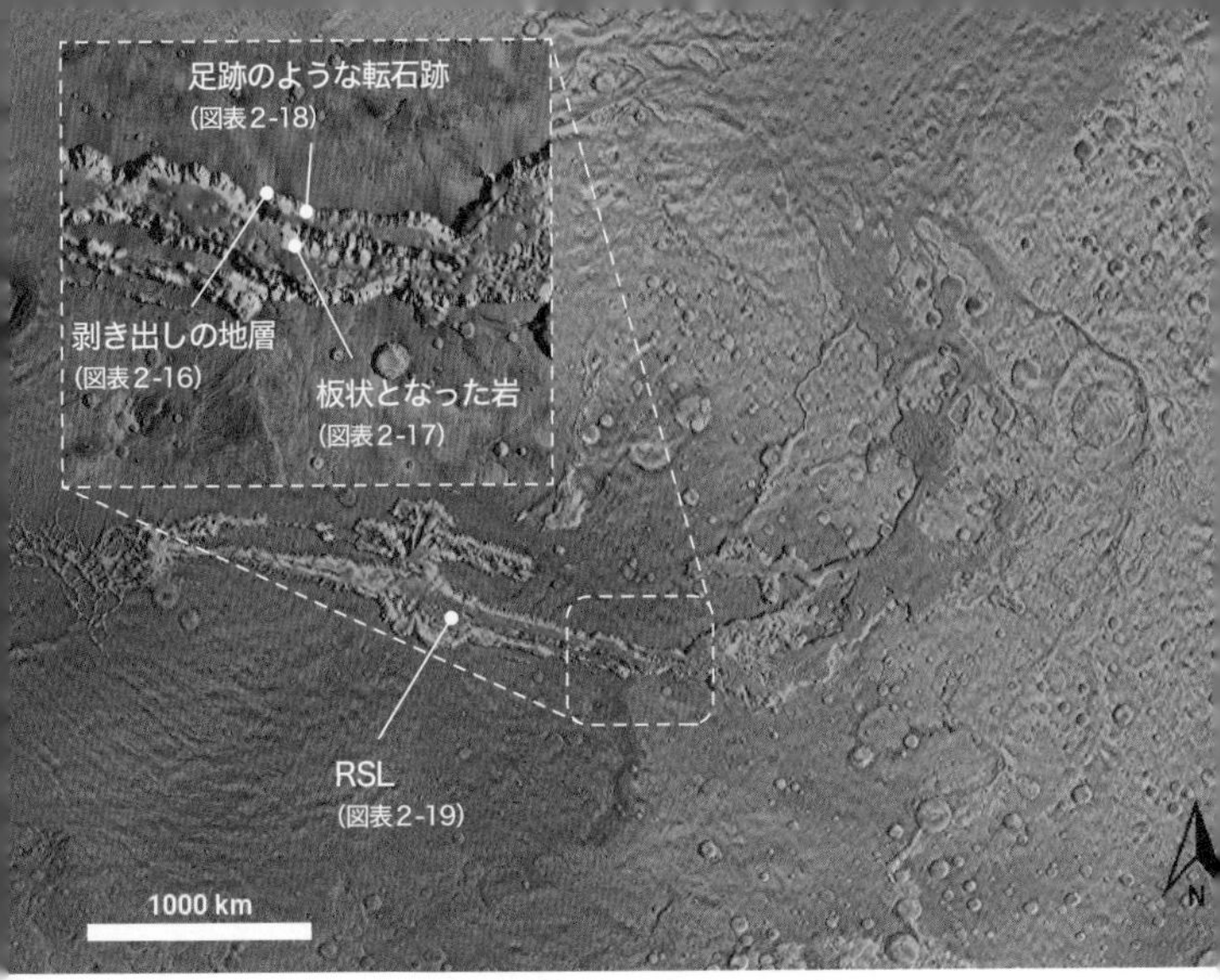

図表２-14　マリネリス峡谷
カラーチャートは標高を示す。　NASA/JPL-Caltech/Arizona State University

図表２-15　上空から見下ろしたマリネリス峡谷
NASA/JPL/Arizona State University

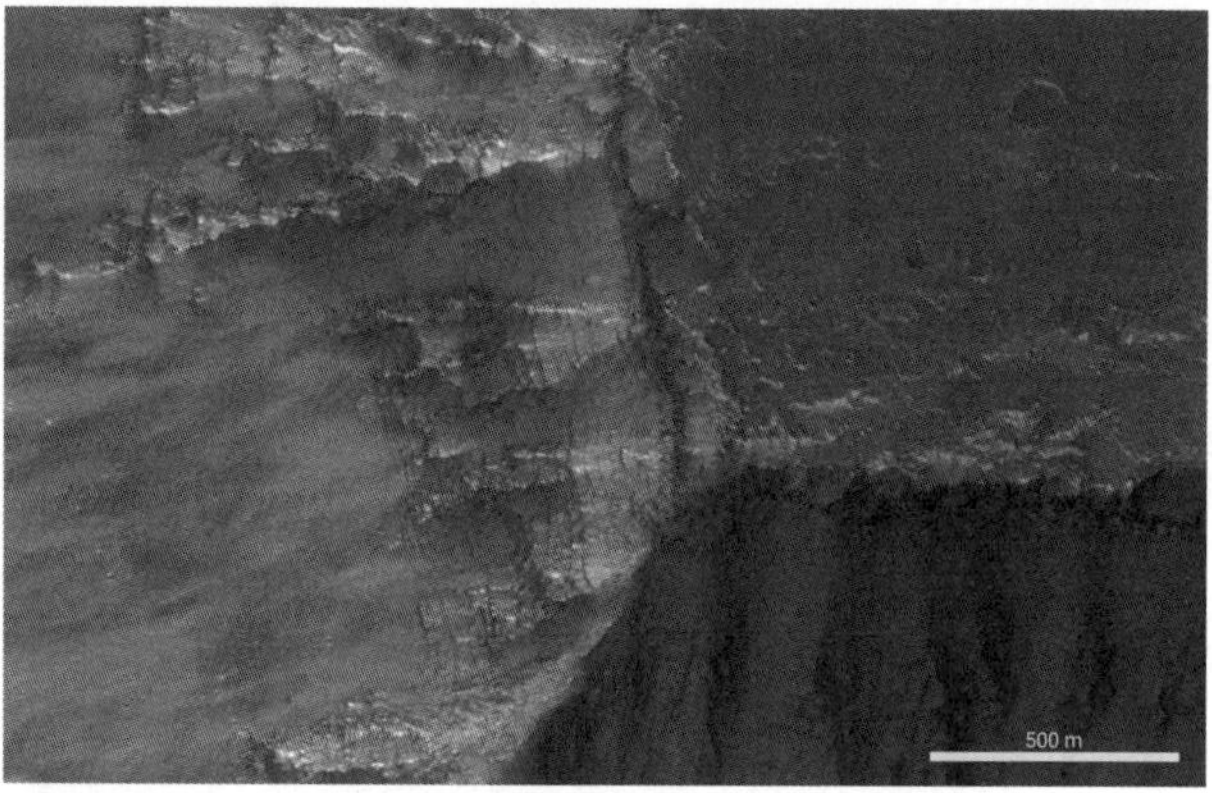

図表2-16　マリネリス峡谷壁の剥き出しとなった地層
HiRISE：PSP_002814_1665　NASA/JPL/University of Arizona

崩壊によって次第に大きくなったと考えられています。地殻変動によってできる地溝は地球上でも見られ、東アフリカ大地溝帯が代表的です。

高度を下げて峡谷の内部へも入っていきましょう。峡谷の壁をご覧ください。無数の地層がありますね（図表2-16）。上の方はヘスペリア紀の溶岩や火山灰の積み重なりであると考えられています。地層がよく見えないところは、壁の上部が崩れて覆われてしまっているところです。このような崩れた堆積物からなる地形はテイラスと呼ばれています。ほかにも、ところどころに板状の岩があります。これらは岩脈と呼ばれる、地下でマグマが地層や岩盤に貫入して固まったものであると考えられています（図表2-17）。

ここでは、テイラスの表面に注目してみましょ

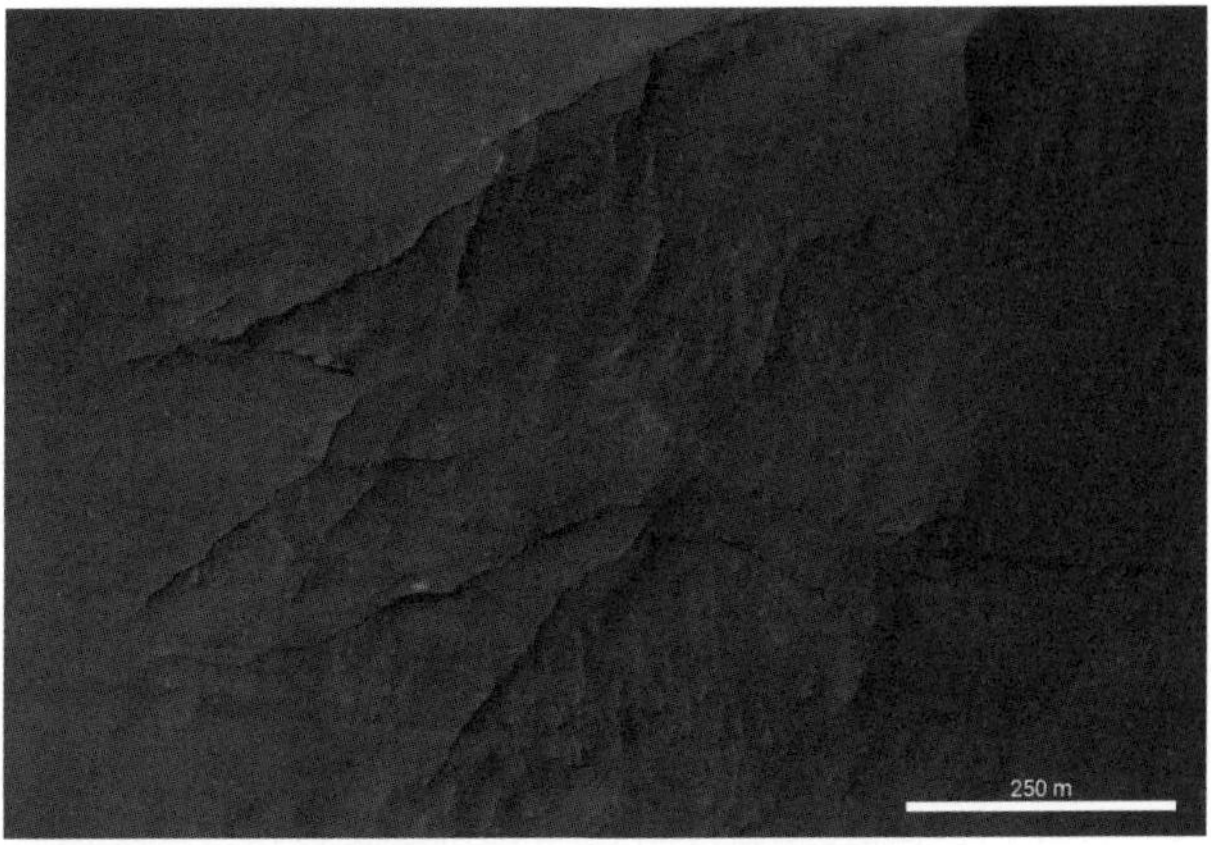

図表2-17　マグマの貫入によりできた板状の岩
HiRISE：ESP_034856_1655　NASA/JPL/University of Arizona

う。なんと転々と続く、人の足跡のようなものが見えます（図表2-18）。まさか、誰かすでに歩いているのか。人に似た知的生命体が火星にもいるのか――。そう考えたくなるかもしれませんが、実は、というよりも、やっぱりこれは足跡ではありません。斜面を下る方向にこの跡を観察してみてください。行き着いた先に岩がありますね？　そう、この足跡のようなものは、岩が転がり落ちる際についた跡なのです。このような跡は小さいので砂嵐などですぐ消えてしまうのですが、くっきり見えているということは岩がしょっちゅう転がっていることになります。写真やイラストで見ると、どうしても変化のない静かな星に見えるかもしれませんが、火星は現在も大小を問わず変化し続けているので

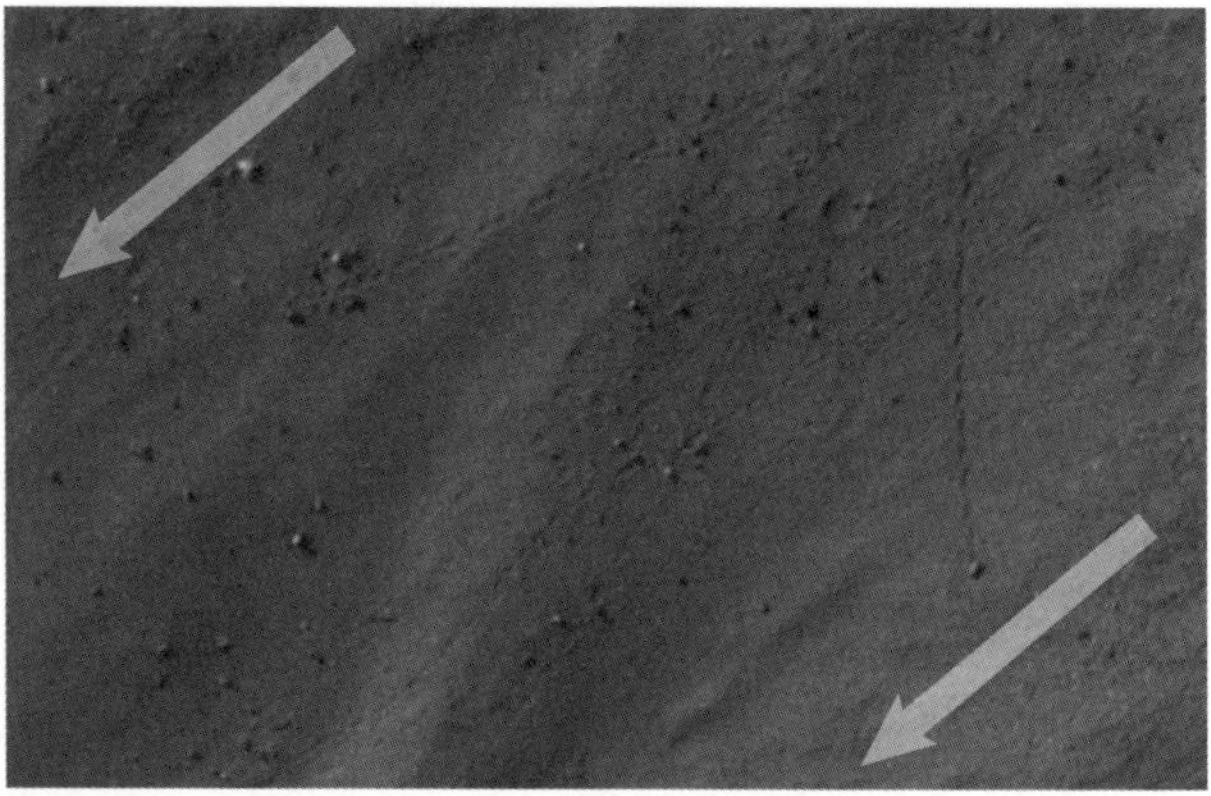

図表2-18　足跡にも見える落石跡（矢印は斜面の下り方向を示す）
HiRISE：PSP_009222_1660　NASA/JPL/University of Arizona

す。

深い深い谷の底にも目を向けてみましょう。谷底は基本的に平坦ですが、ところどころテイラスによって覆われています。また、東へ行くに従って小さな丘が増えてきます。これらの一部は火山噴火によって放出された岩石が積み重なってできたスコリア丘です。

谷の内部には熱水環境でできたと思われるオパーリンシリカ（opaline silica）などの変質鉱物も見つかっていて、生命探査の候補地になっています。もしかしたらこの谷のどこかで生命の痕跡が見つかるかもしれませんね。

最初にご紹介した通り、マリネリス峡谷は想像を超えるスケールの峡谷です。そのため……と言ってはなんですが、谷の内部にはコプラテ

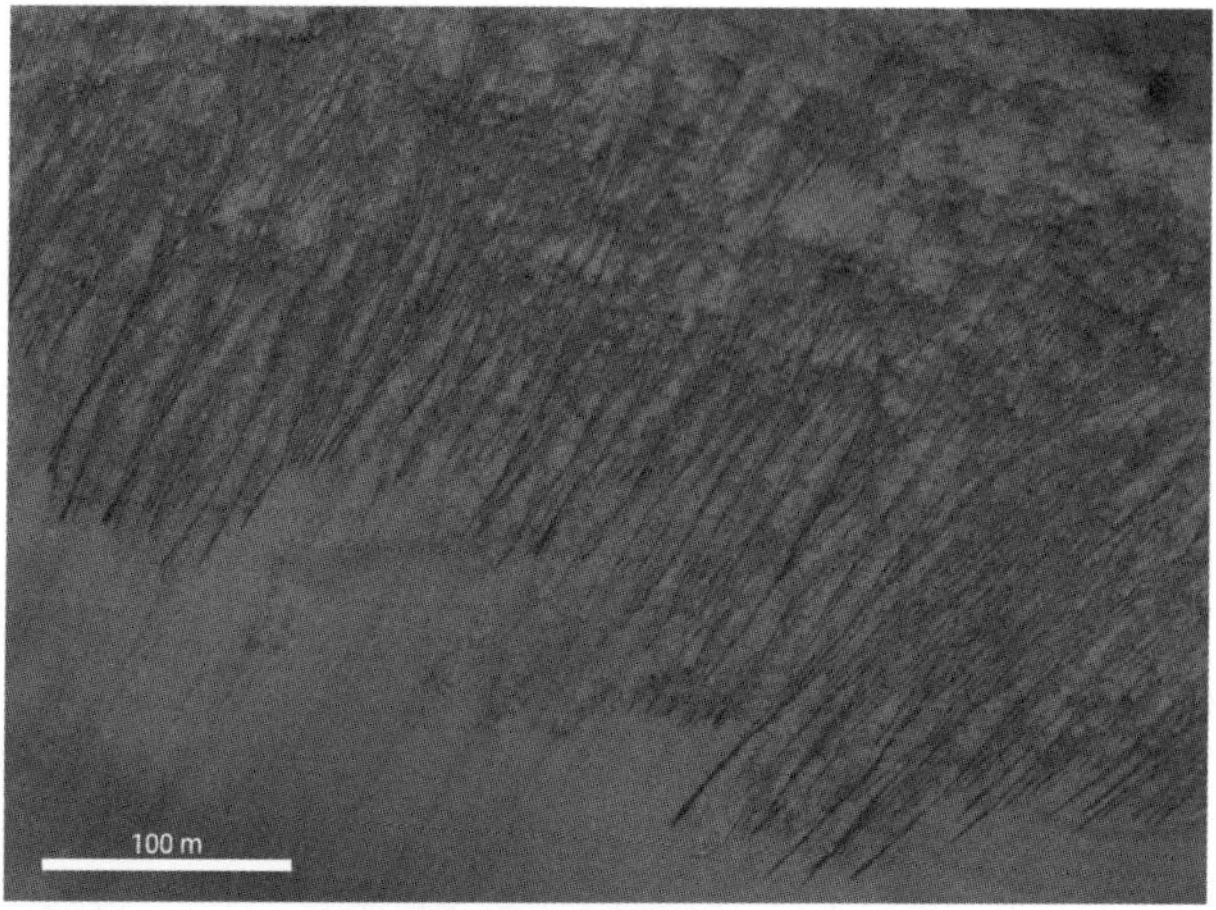

図表2-19　消えては現れてを繰り返すＲＳＬ
HiRISE : SP_056997_1685　NASA/JPL/University of Arizona

ス山といったいくつかの山やクレーターまであります。ですが、ここで注目してもらいたいのは、その巨大さだけではありません。これらの山やクレーターの斜面に暖かい季節になると現れる黒い筋模様にも着目してほしいのです（図表2-19）。この筋模様は時間が経つにつれて徐々に伸びていき、寒い時期になると消え、暖かい時期になると再び出現・伸びていきます。覚えていますでしょうか。そう、この筋模様は第1章で紹介したＲＳＬ（Recurring Slope Lineae）です。

　現れては消えるＲＳＬ。その出現・消失メカニズムは現在も議論されていて、成因がまだよく分かっていませんが、主だった説は二つあります。一つは水（塩水とも）が流れることでできるウェット説、もう一つは砂が流れてできたとするドライ説です。それぞれどんなメカニズムで説明しているのかをみてみましょう。

まずは最初のウェット説についてです。黒い筋模様で、暖かい時期になると現れて、寒くなると消えるＲＳＬの性質を考えると、斜面に水が流れたとするのが、最も納得のいくメカニズムのように思えます。事実、ＲＳＬが見つかったときには多くの人がそう考えました。水を砂の上にまくと、濡れた部分が黒っぽくなる現象は、地球でも簡単に観察できますよね。また、暖かい季節になると水が流れるというのも、気温が上昇して氷が溶けたとすれば説明がつきます。気温が下がって氷の融解がなくなれば、濡れた地面も乾いていくはずです。そうしたら、自然に黒い筋は消えることでしょう。実に明瞭にＲＳＬのメカニズムを説明できているようにみえます。

しかし、ＲＳＬが水の跡だとすると、いくつか問題があるのです。

一番大きな問題は、水が流れたという明確な証拠がないことです。水酸基（OH^-）が見つかったという報告はされていますが、後の研究で、解析の手法に問題があるのではないかという疑問が出されています。また、水が流れたならば、流れの源のところに、氷なり水なりが出た穴や、何かしらの跡があっても良さそうなのですが、今のところそういったものは見つかっていません。一般的に火星の低緯度地域では気温が高く、浅いところの氷は昇華してしまって、現在は残っていないと考えられています。深いところ（地下７５０ｍほど）の氷が溶けて上がってくるのだろうという研究もありますが、水が湧き出したような場所は確認されていません。湧き出し口が小さすぎてカメラに写っていない可能性も指摘されていますが、現段階ではなんとも言えません。

ＲＳＬが水だとするときに起こるもう一つの問題は、ＲＳＬが観測される場所の斜面角度です。全部ではないのですが、大部分のＲＳＬの末端部が、およそ傾斜30度の斜面で見つかっています。この30度という角度は、砂丘の地形から求めた火星の安息角（砂が作る斜面の角度）とおよそ一致します。つまり、斜面の角度は、ＲＳＬが砂の流れであることを非常に強く示唆しているのです。砂の場合、水源や水が流れた痕跡がないという問題も一挙に解決されます。そのため、ＲＳＬが砂であるというドライ説も非常に有力な説なのです。

しかし、砂だとする考えにも問題がないわけではありません。というのも、今度はＲＳＬが消えるメカニズムがよく分からなくなってくるからです。ＲＳＬが現れることだけなら、砂が流れたとすれば説明がつくかもしれません。地球の砂丘などでも、砂が液体の水のように流れる現象は観測されています。ＲＳＬの色に関しても、砂が流れることで表面が粗くなれば光が表面で乱反射しやすくなるので、上空のカメラには暗い色に映る可能性もあります。

一方で、流れた砂が再び元の姿に戻る（ＲＳＬが消える）というのはなんとも不思議です。水ならば乾けばいいのですが、砂の場合そういうわけにはいきません。そのため、ドライ説を推している研究者たちは、ＲＳＬが消える原因として、流れた砂の上に大気中に含まれるダストが覆いかぶさることで、流れの痕跡が消えるのだという説を提案しています。細かいダストが上に積もれば表面が滑らかになるので、上から見たとき周囲と見分けがつかなくなるという仕組みです。ただし、その場合はＲＳＬの季節性変化の原因として、風向きが季節によって変化するなど、何かしら追加の説明が必要です。それを検証するためには、局所的な風の動きを観測しなければなりません。風は場所ごとの細かな地形に影響を受けるからです。

そして、もう一つ重要なポイントは、全てのＲＳＬが同じメカニズムで形成されているという保証はないということです。もしかしたら、水が流れてできたＲＳＬと砂でできたＲＳＬのどちらともがあるのかもしれません。いずれにしても、探査機による軌道上からの継続的なモニタリングによって多くのデータが集められていますが、ＲＳＬが水か砂かの決着はついていないのが現状なのです。

ＲＳＬの謎が残るマリネリス峡谷の散策はここら辺までにしておきましょう。谷を抜けて次の目的地へと向かいます。しばらく距離がありますので、その間は道中の風景をゆっくりご堪能ください（図表２‐１）。

ヘラス平原・イシディス平原——地質がバラエティ豊かな最古の平原

マリネリス峡谷を過ぎてしばらくはクレーターだらけの大地が続いていましたが、次第に大きな盆地が見えてきました。ここはヘラス平原です（図表２‐20）。

ヘラス平原は直径約２３００㎞の凹地で、約40億年前に隕石衝突によってできた超巨大クレーターであるという説が有力です。ある研究では直径５５０㎞の物体が衝突したことによって形成されたと推測されています。また、東西に延びた楕円形であることから、二つの同規模隕石衝突でできた（ダブルインパクト説）か、斜め衝突によってできたのではないかとも考えられています。平原の深さは最大８５００ｍで、火星で最も標高が低い場所になります。また、地殻が5～15㎞と火星の中で最も薄い地域であることも知られています。

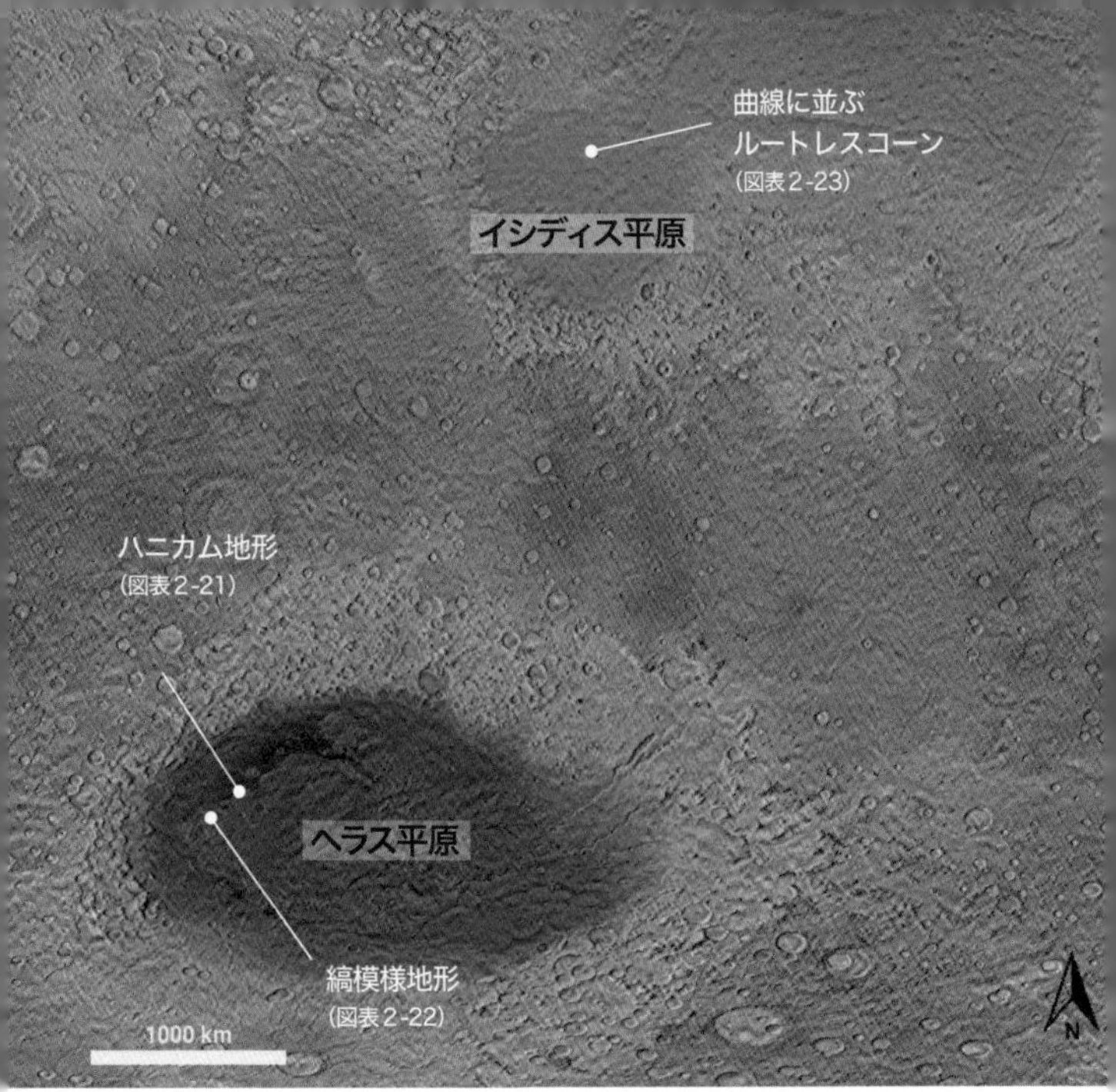

図表2－20　ヘラス平原（下）とイシディス平原（上）
カラーチャートは標高を示す。　NASA/JPL-Caltech/Arizona State University

約40億年前に形成されてから、ヘラス平原の底やリム（窪地の縁）では火山活動と河川浸食があったことが明らかになっています。約36億年前の後期ヘスペリア紀以降は風食も卓越していました。したがって、平原内には火山性、風成、氷河性、河川性、湖成など、バラエティ豊かな地形が見られます。形もユニークで、どうやってできたのか想像を掻き立てられるものばかりです。ここでは、いくつかご紹介します。

目立つのは平原東部に見られる2本の長い谷でしょうか。北にある、二股に分かれた谷が下流で合流しているのがダオ峡谷、南はハルマキス峡谷です。いずれも平原のリムから底にかけて長く延びています。これらの峡谷は河川によってできたと考えられていて、最も新しい活動は約7億年前であったと推測されています。谷壁には水による浸食でできた地形、ガリーが見られます。

平原の北西底には、ハチの巣のような見た目が特徴的なハニカム地形も見られます（図表2-21）。これは、セル状となった凹地のクラスターで、その成因については諸説ありますが、地下からの水や塩の注入、マグマの貫入が考えられています。ほかにも、ヘラス平原最深部にある縞模様様地形は曲がりくねった地層群からなっており（図表2-22）、この地形は氷に富んだ物質が粘性流動したことによってできた周氷河地形であると考えられています。

最大深度８５００ｍと、あまりにも深いヘラス平原は全球的な気候にも影響を与えています。

その一つが砂嵐です。ヘラス平原は気圧が高い盆地であるため、強い風が吹くことによって塵が巻き上がり砂嵐が発生します。この砂嵐はときに全球を覆うほどに発達することがあるのです。

ほかにもヘラス平原ならではの現象があります。ヘラス平原の底では気圧が14mbに達し、

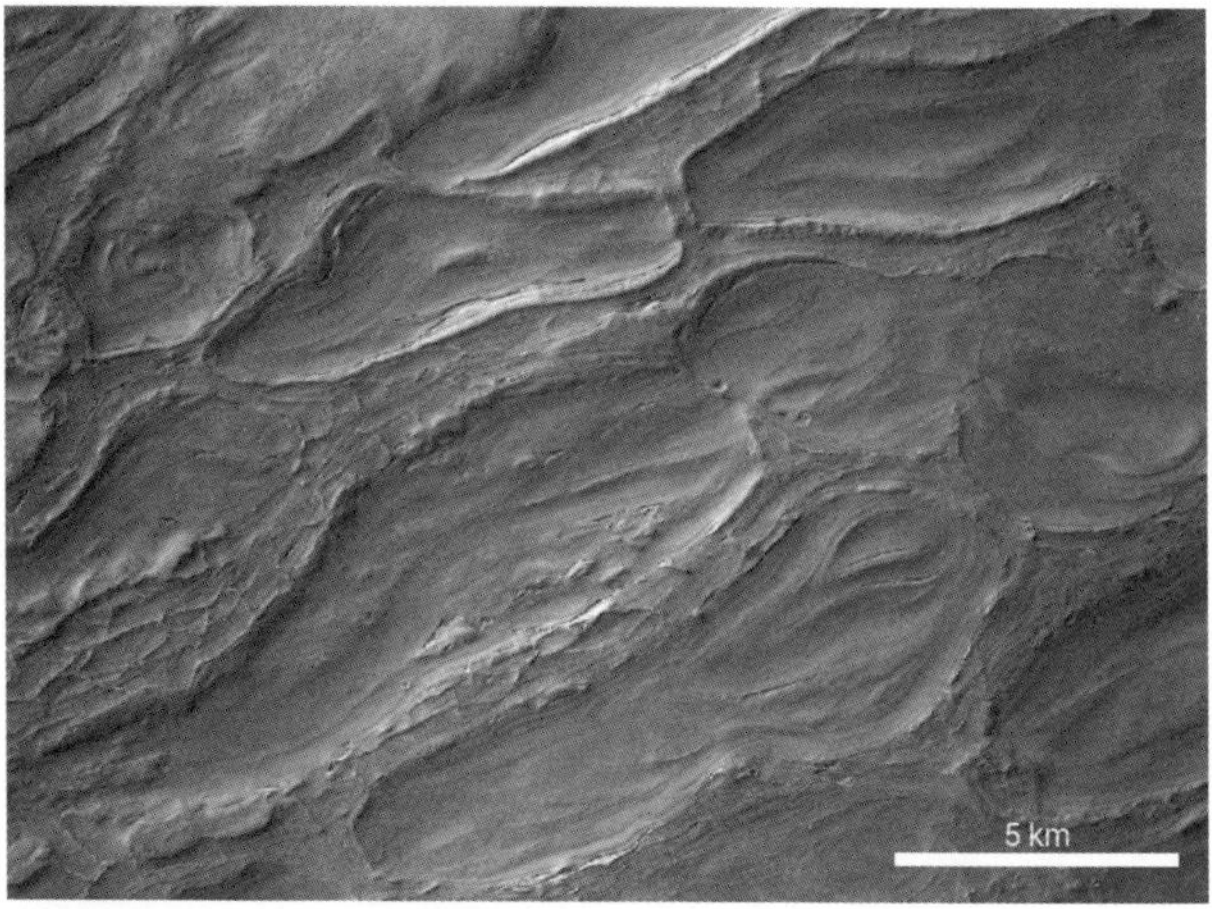

図表２-21　ヘラス平原北西底に見られるハニカム地形
CTX：B21_017710_1425_XI_37S304W　NASA/JPL/University of Arizona

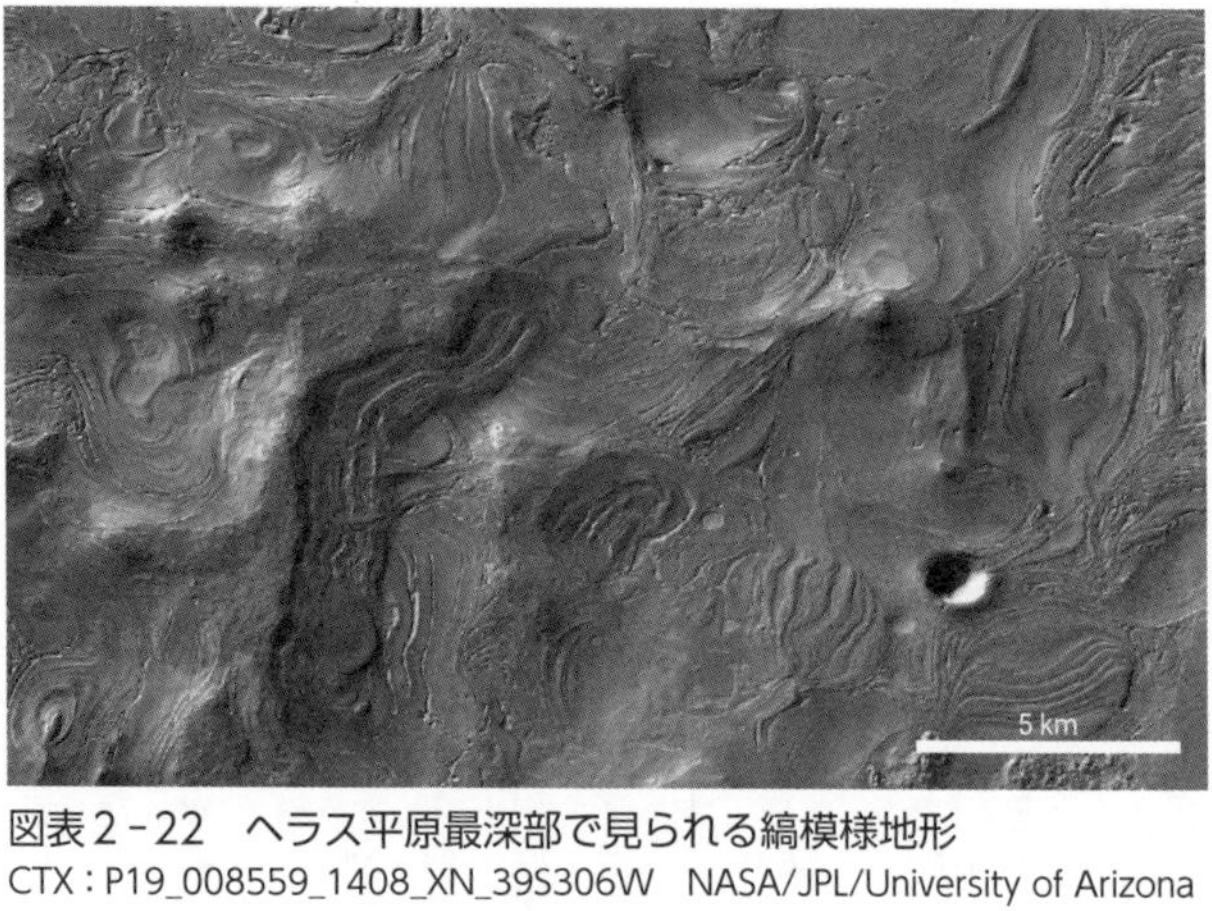

図表２-22　ヘラス平原最深部で見られる縞模様地形
CTX：P19_008559_1408_XN_39S306W　NASA/JPL/University of Arizona

地面の表面温度が30℃以上になる時期があります（火星の標準大気圧は約６mb、平均気温はマイナス60℃）。この環境では水の三重点に到達することが容易です。つまり、条件によっては冬期間に液体の水が存在する可能性すらあるそうなのです。また、ヘラス平原では夜に霧が発生することが知られています。谷深いところでは朝にもまだ残っているそうです。

ヘラス平原から北上すると別の平原が見えてきます。イシディス平原です。ヘラス平原同様、イシディス平原も隕石衝突によってできたと考えられています。イシディス平原の西にはイシディス平原と同じくらいの大きさである平べったい黒い台地が見えます。この台地は古い火山で大シルチス台地と呼ばれています。クレーター年代学を用いた解析によって、38億年前にイシディス平原ができ、その後35億年前くらいに大シルチス台地ができたことが分かっています。

イシディス平原では、直径３００～５００ｍ程度の小さな山（コーン）が曲線状に連なる不思議な地形が見られます（図表２‐23）。このコーンの正体はまだ分かっていません。アマゾニス平原で紹介したルートレスコーンなのか、爆発的な火山噴火で生じる火砕流が関係する地形なのか、あるいはマリネリス峡谷の中にあったようなスコリア丘なのか、そもそも火山性ではなく凍土の凍結融解の繰り返しでできる周氷河性のピンゴか、はたまた泥火山（地

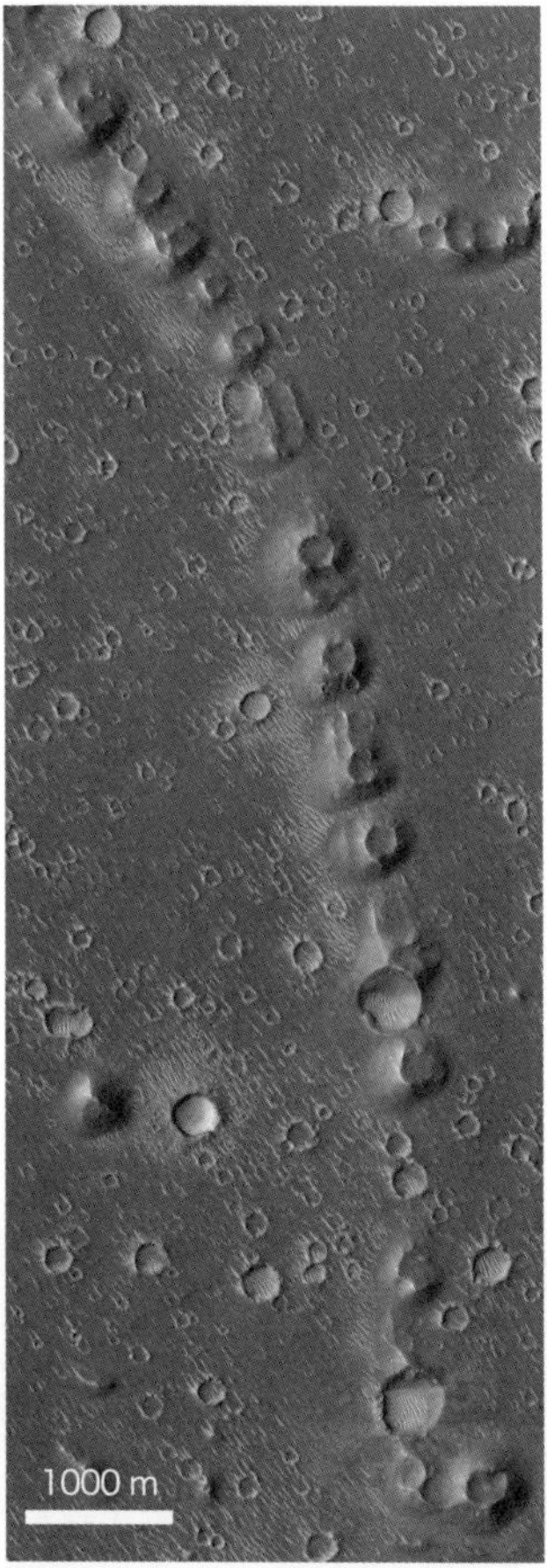

図表2-23　イシディス平原の曲線状に並ぶコーン地形
HiRISE：PSP_009177_1985
NASA/JPL/University of Arizona

下の含水砂泥層に圧力が加わって地表に噴出してできる小山）なのか……今後の研究が待たれます。皆さんもイシディス平原のコーンはどうやってできたのか、ぜひ考えてみてください。

さあ、東に舵を取って最終目的地のエリシウム平原へ向かいましょう。

エリシウム平原――噴火から地震まで、旅のゴールはご注意を

イシディス平原からクレーターだらけの高地を越えると、すべすべの平原が目の前に現れ

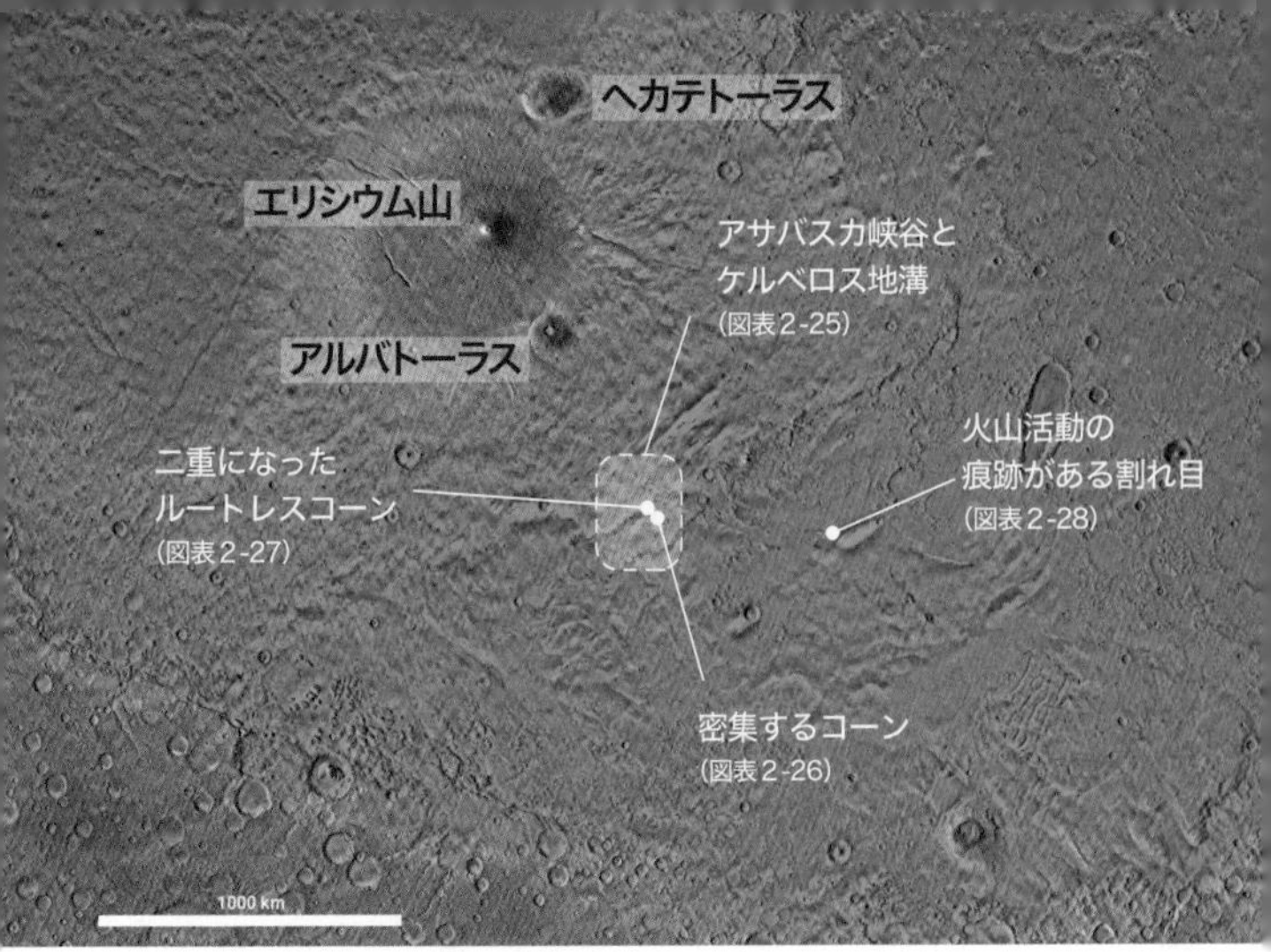

図表２-24　エリシウム平原
カラーチャートは標高を示す。　NASA/JPL-Caltech/Arizona State University

ました。火星一周ルート最後の目的地、エリシウム平原です（図表２-24）。エリシウムとは「世界の西端にある祝福された土地」という意味です。この平原は非常に若く、クレーターがほとんどありません。北に見える巨大火山、エリシウム山は約37億年前にできたのに対し、最も若いエリアは最近２５０万年以内に形成されたと推定されています。

　エリシウム山は、北部低地に独立峰（周囲に巨大な山がない）として存在している大きな火山です。ただし、近くにはアルバトーラスとヘカテストーラスという少し小さな山があります。

　この地域は、タルシス三山のところでも紹介した、溶岩チューブによるスカイライトと思われる縦孔が多く存在している場所です。ただし、タルシス三山にも言えることですが、火星の縦孔が本当に溶岩チューブで形成されたのかは分かっていません。確かめるためには、実際に中へ下りて観測する必要があります。そして、その点において、エリシウム山の縦孔は一つ有利な条件を持っています。それは、エリシウム山周辺の縦孔は比較的標高が低く、平らになっている場所にあることです。標高が低くて平らな場所にあるということは、高地よりも気温が高く、地形的な面も含め、着陸機を下ろしやすい環境であるということです。また、ドローンなどを飛ばすのにも、空気の密度が高い低地の方が適しています。もし縦孔の中を観測するなら、エリシウム山周辺は有力な候補地です。

　あらためてエリシウム平原に目を向けてみましょう。平原を観察してみると、北北西-南南東に走る割れ目があります。この割れ目はケルベロス地溝と呼ばれています（図表２-25）。「世界の西端にある祝福された土地」という意味のエリシウム平原に地獄の番犬の名前を冠する地形があるなんて……なんとも不思議ですね。

　ケルベロス地溝からは何かしらの液体が流れ出た跡があります。その跡を追うと、南西にあるアサバスカ峡谷を流下し、その後は東西に流れ広がっているようです。東への流れはマルテ峡谷を伝い、なんと３０００㎞以上離れた最初の目的地、アマゾニス平原にまで到達し

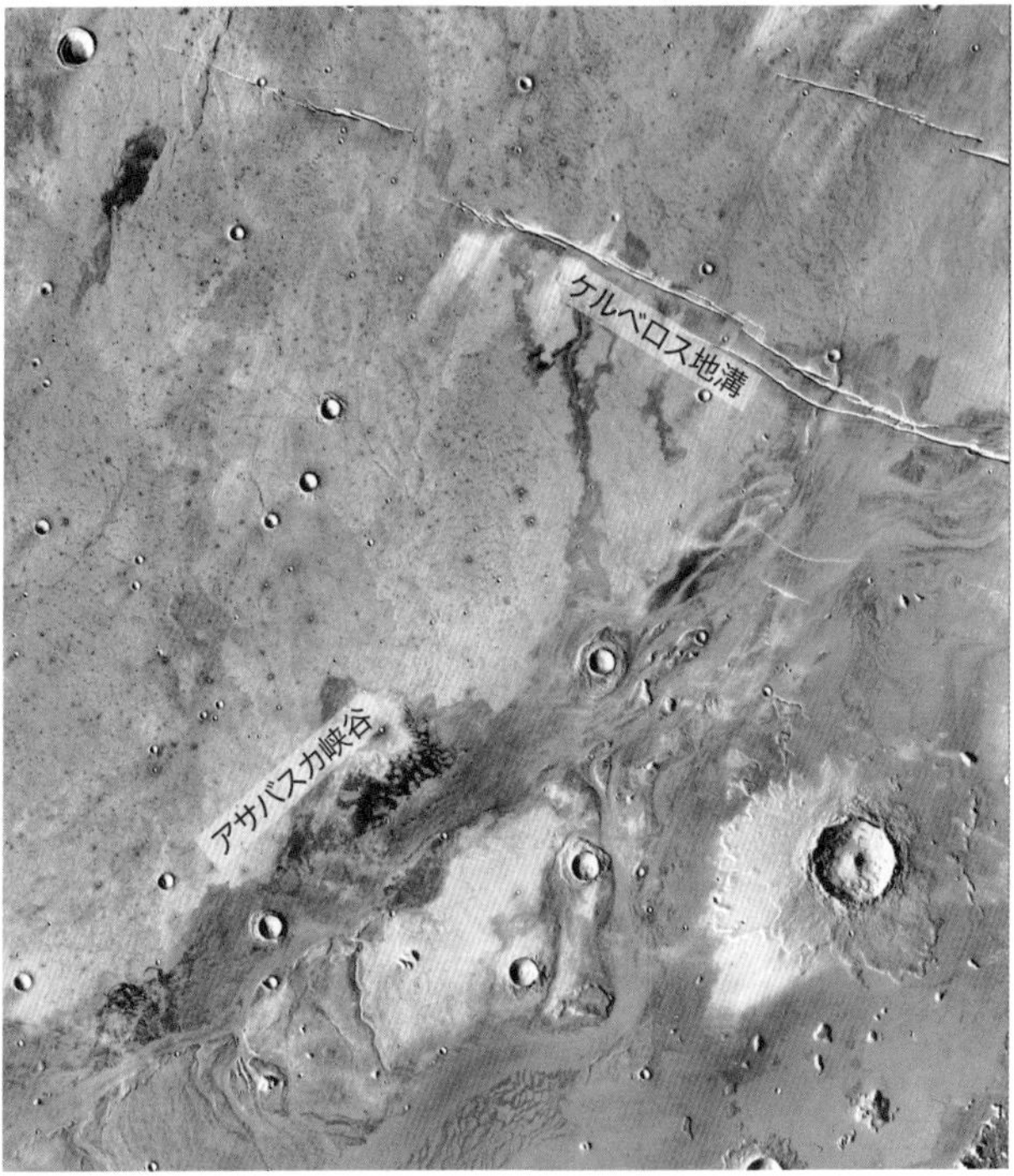

図表２-25　ケルベロス地溝とアサバスカ峡谷
NASA/JPL-Caltech/Arizona State University

ています。平原の大部分を構成するこの液体の正体は一体なんなのでしょうか？

その謎を解く鍵はエリシウム平原で起きた地質活動にあります。一つずつ紐解いてみましょう。まずは、中継地点の一つであるアサバスカ峡谷をよく観察してみてください。流線型の島がいくつもありますね。その形は

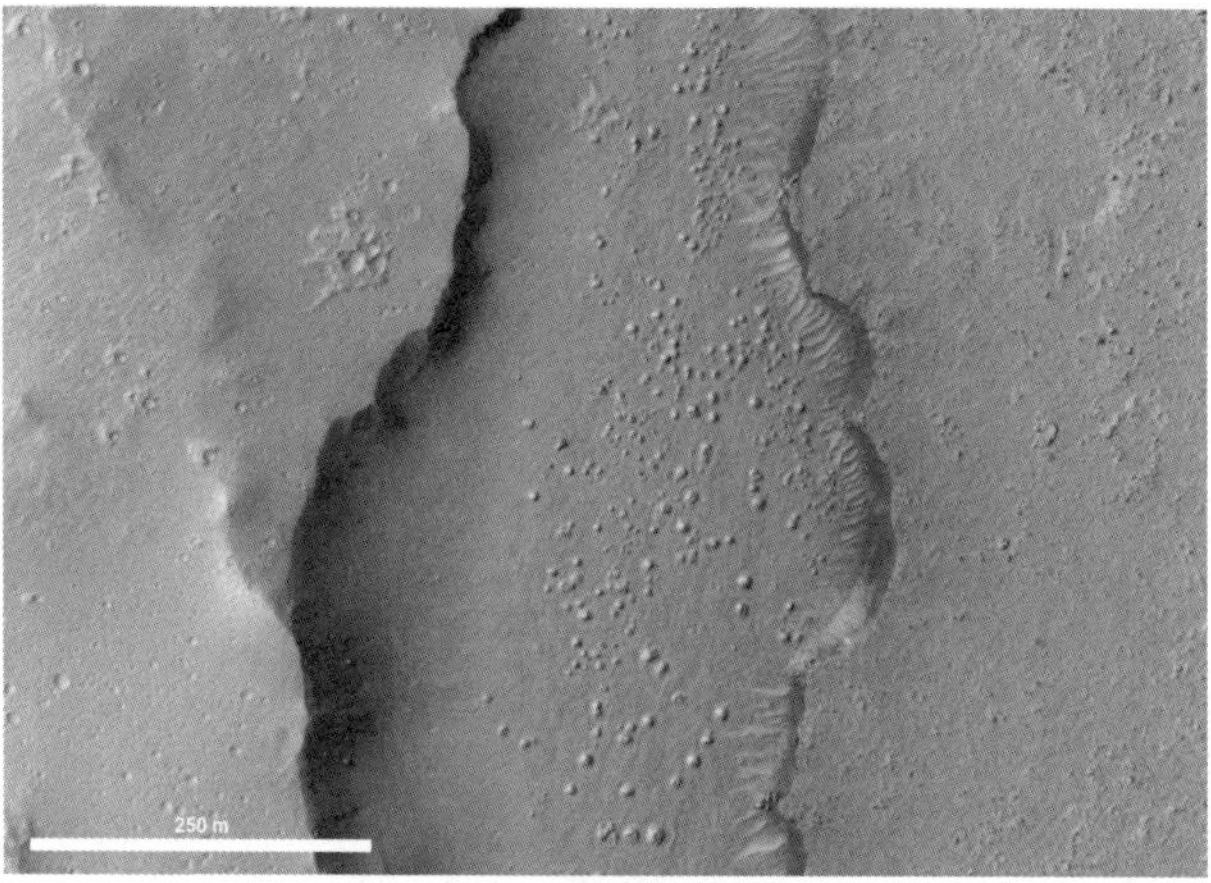

図表2-26　エリシウム平原で密集するコーン
HiRISE：ESP_018550_1890　NASA/JPL/University of Arizona

いかにも液体に削られてできたようです。

その先の、液体が次に流れ着くであろうアサバスカ峡谷の谷底も見てみましょう。直径１００ｍ以下の小さなコーン地形（山頂に凹みのある小さい山、図表２-２６）がクラスター状に分布しているのが見つかりましたか？　１ピクセルあたり25cmの超高解像度画像が得られるようになって、このコーン地形の成因が議論されるようになりました。成因が分かればケルベロス地溝から流出した液体の正体も分かるはずです。

まずはコーンの分布を見てみましょう。コーンはアサバスカ峡谷の谷底に密集して分布しています。一見ランダムに分布しているようですが、中には線上に並んでいるものが

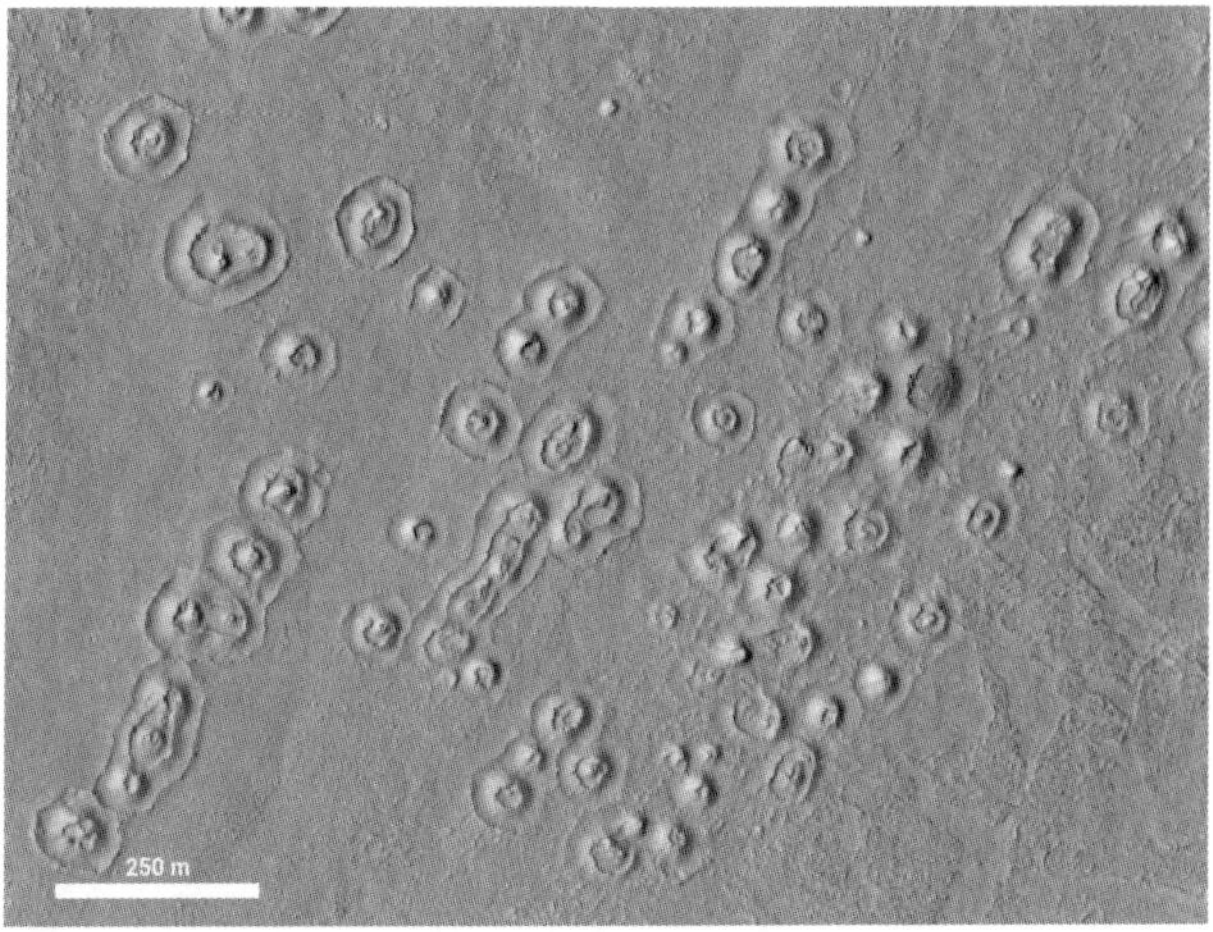

図表２-27　アサバスカ峡谷の二重になったルートレスコーン
HiRISE：PSP_002226_1900　NASA/JPL/University of Arizona

あります。この向きは、ケルベロス地溝から流れる流体の進行方向と同じです。

次にコーンの周りを見てみましょう。コーンの中には周囲が凹んでお堀のようになっているものがあります。よくよく観察してみると、厚さ数メートルの板状の岩石の上にコーンができ、重さに耐えきれず凹んだように見えます。もっとコーンを観察してみましょう。アサバスカ峡谷の谷底には、一部に頂上部の凹地の中に小さなコーンを持つコーン（二重構造）があります（図表２-27）。中には頂上の凹地に複数の小さなコーンを持つものもあります。

こうした特徴は、溶岩と水の接触・連続爆発で形成されるルートレスコーンと一致することが、これまでの研究で明らかになりました。特に決め手となったのは二重構造です。二重構造を持つ直径１００ｍ前後のコーン地形は極めて稀で、火星ではアサバスカ峡谷底、地球ではアイスランドのミーヴァトン湖周辺のルートレスコーンで特徴的に見られます。イシディス平原で紹介したピンゴなど、ほかの成因によるコーン地形では、これらの特徴を説明できず、地球上のアナログ地形でも見られないのです。このことから、コーン地形の正体は溶岩と水の接触でできるルートレスコーンであり、エリシウム平原では最近２５０万年以内に大量の溶岩を噴出する火山活動があったことが明らかとなりました。アサバスカ峡谷のコーンがどうして二重構造を持つのかは今後の詳しい調査が待たれますが、湖の底に溜まる泥のような水を通しにくい含氷堆積物の存在が条件となりそうです。

　さて、ルートレスコーンがあるということは……そう、アマゾニス平原でご紹介しましたように、ルートレスコーンの形成当時、エリシウム平原の地下の浅いところには水が存在していたことになります。

　ですが、ちょっと待ってください。最近２５０万年の火星環境では地下浅部に水・氷を安定して保持することができず、あったとしてもすぐに昇華してしまいます。水が存在できない環境下で水が存在していた――。これは一体どういうことでしょうか。

考えやすいのは、ルートレスコーン形成当時に存在した水は、それまでずっと地下浅部に存在していたわけではなく、一時的なものであったという説明です。すると、次に問題になるのが、この水はどこから来たのかということ。雨や雪などの可能性も捨てきれませんが、現在はその説明として、溶岩が流れる少し前のタイミングで、溶岩同様にケルベロス地溝から流れ出てきたという説が検討されています。この場合、水が流れたタイミングがいつなのか、ケルベロス地溝の地下はどうなっているのか、まだまだ解明していかなければならないことがたくさんあります。それでも、最近のエリシウム平原では溶岩が流れるイベントと水（氷）が地下浅部に供給されるイベントの両方が存在したということが次第に分かってきているのです。

エリシウム平原では、もしかすると噴火や地震にも遭遇するかもしれません。高解像度データを使った最新の研究では、なんと最近5万年以内にエリシウム平原で爆発的な噴火が起きた可能性が示唆されました。図表2-28はケルベロス地溝付近にある割れ目です。割れ目の周辺に暗い物質がありますね？　この物質は割れ目から噴出したと考えられ、クレーター年代を調べると5万年以内に噴出した可能性があることが分かりました。もし、この噴出イベントが火山活動によるものであったのならば、エリシウム平原では5万年以内に火山

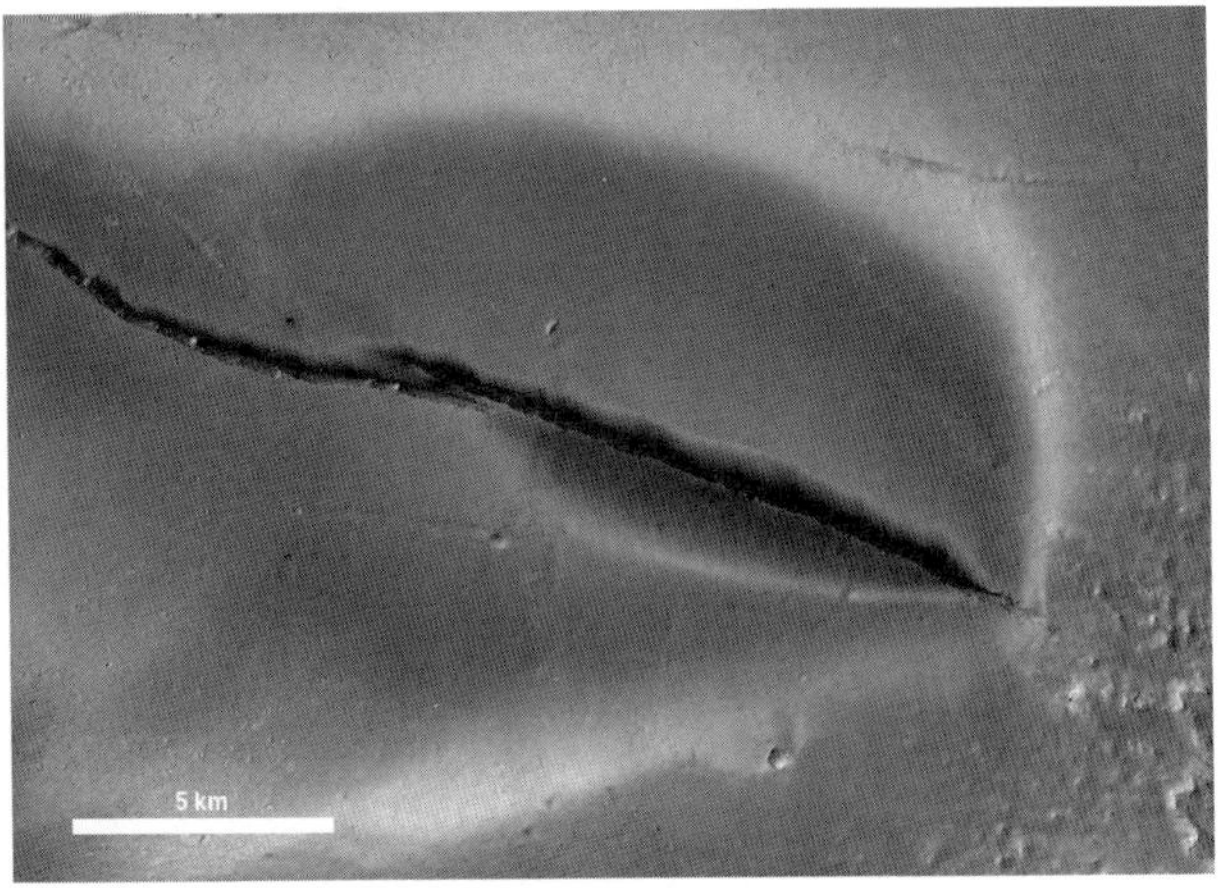

図表2-28　ケルベロス地溝付近にある割れ目
CTX：B18_016519_1879_XI_07N194W　NASA/JPL/University of Arizona

噴火があったことになります。

5万年以内というと、地球では後期更新世にあたります。地質学的には本当につい最近のことです。例えば、現在でも活動を続けている阿蘇《あそ》山や富士山の活動は少なくとも数十万年前には活発化しています。5万年というのは、火山の年齢からするととても短いのです。さらに、驚くべきことに、エリシウム平原に降り立った火星探査機インサイトによって、ケルベロス地溝を震源とする地震（火星なので正確には火震）が検出されました。この地震の発生メカニズムについては今後の詳しい解析が待たれますが、火山活動由来である可能性も議論されています。このように、エリシウム平原は現在も地質活動が活発である可能性が十分にあります。今後も新しい割れ目ができたり溶岩が流れたりなど、ダイナミックな変化が起きるかもしれません。

東へ進んでいくと次第に広大な平原が見えてきます。最初の目的地だったアマゾニス平原です。

火星一周の旅はひとまずここで終わりです。いかがだったでしょうか。お気に入りの場所が見つかればなによりです。

【コラム3】 火星の月とMMX

火星一周ルートでは、火星の二つの衛星の一つであるフォボスを旅の出発地点としています。

これまで人類はたくさんの火星探査を成功させてきました（コラム4参照）。一方、火星の衛星の探査は、旧ソ連とロシアによって計画・実施されてきましたが、いずれも失敗に終わっています。その結果、火星と比べ、フォボス・ダイモスに関しては非常に限られたことしか分かっていません。例えば、どのようにしてできたかすら分かっていないのです。

それでも、フォボス・ダイモスの形成に関しては主に二つの仮説があります。一つ目は小惑星捕獲説です。火星の公転軌道の外側には、たくさんの小惑星が存在しています。それら小惑星が火星軌道にもたらされたとき、一部は火星に衝突しますが、火星をかすめるようにして近づいた小惑星は、火星の重力に巻き取られ、その周りを回り始めることも可能です。このように火星の重力に捕らえられることから、捕獲説と呼ばれています。

二つ目の説は天体衝突説です。この説も太陽系の外側からやってくる小惑星が関係します。ただし、天体衝突説では、小惑星が火星に衝突することでまき散らされた破片が、火星の周囲をグルグルと周回しながら集まり、衛星になったと考えます。

本格的な探査が行われていないフォボス・ダイモスの情報は、地球上にある望遠鏡からの天文観測と、火星探査機がついでに行ったリモートセンシング観測に限られています。これら遠くからの観測で分かるのは、フォボスやダイモスの軌道、大きさ、質量、そして表面が暗い（反射率が低い）ことくらいです。これらの情報だけでは、二つの形成仮説を確かめることはできません。

そこで、ＪＡＸＡではフォボス・ダイモスの起源・形成過程を明らかにすべく、サンプルリターン探査を計画しています。この計画は、日本語では火星衛星探査計画、英語ではMartian Moons eXploration、略してＭＭＸと呼ばれています。

ＭＭＸではフォボス・ダイモスを観測するためのカメラに加え、組成を測るガンマ線・中性子線分光計や質量分析計、形状を正確に決めるためのレーダー高度計などが搭載されています。計画では、フォボス・ダイモスだけでなく、まさに衛星のように周回しながら、火星の雲や大気の動きも観測することになっています。さらに、フォボス表面には、国際協力により提供される小さなローバーも走り回る予定です。

そして、ＭＭＸの見どころはなんといってもサンプルリターンです。これまで日本が「はやぶさ」や「はやぶさ２」で培ってきた経験と技術を活かし、今度はフォボスからサンプルを持って帰ることを目指します。回収した試料からは火星の衛星・フォボスができた年代や温度条件など、リモートセンシング観測では得ることが難しい貴重なデータがたくさんもたらされるでしょう。

ＭＭＸの打ち上げは２０２４年度、そして地球への帰還は２０２９年度を予定しています。ＭＭＸが成功すれば、火星の重力圏へ行って戻ってくる、つまり火星往還を果たす世界で最初のミッションになります。この本のテーマである火星旅行のためには、火星に行くだけでなく、安全に地球に戻ってくることが必要ですよね。ＭＭＸでは、将来、本当に火星旅行を行うために必要な技術を獲得することになります。

【コラム4】　火星探査の聖地を訪ねる旅

旅の目的はいろいろですよね。ほかにはない景色を見たい、名物料理を味わいたい、ここにしかないものを手に入れたいなどなど。人の数だけ目的はありそうです。そんな十人十色の巡り方の一つには「聖地巡礼」もあります。もともとは宗教の聖地や聖域を巡ることを指していた言葉ですが、現在は映画やマンガ、アニメなどに出てくる場所や建物を訪れる意味でも使われています。

では、火星の聖地といえばどこでしょうか。これも人それぞれで変わるかもしれませんが、一つの候補として「火星探査機の着陸地」が挙げられると思います。

これまでに火星に着陸した探査機は11機で、それぞれ次の場所に着陸しました。

マルス3号（1971年）：プトレマイオス・クレーター
バイキング1号（1976年）：クリュセ平原
バイキング2号（1976年）：ユートピア平原

マーズ・パスファインダー（1997年）：アレス峡谷
スピリット（2004年）：グセフ・クレーター
オポチュニティ（2004年）：メリディアニ平原
フェニックス（2008年）：ボレアリス平原
キュリオシティ（2012年）：ゲール・クレーター
インサイト（2018年）：エリシウム平原
パーシビアランス（2021年）：ジェゼロ・クレーター
祝融号（2021年）：ユートピア平原

どの探査機も火星研究を進める上で重要なデータを地球へと届けています。そういった意味で火星探査における聖地は火星探査機が調査をスタートさせた着陸地を挙げていいかもしれません。そこで、ここではいくつかの着陸地をピックアップしながら、火星着陸機の聖地巡礼コースをご紹介します。少しマニアックかもしれませんが、気になる人はこちらもぜひ回ってみてください！

① 火星初着陸の地、プトレマイオス・クレーター

火星に初めて着陸した探査機の名前をご存じですか？　有名なのでバイキング１号だと思われる方もいるかもしれませんが、実は違います。バイキング１号は１９７６年７月20日にクリュセ平原に着陸しましたが、それより５年前の１９７１年12月２日、当時のソビエト連邦によるマルス３号が初めて火星への軟着陸を成功させています。

　そのマルス３号。着陸後すぐに通信が途絶してしまい、長らく未確認の状態でした。しかし、着陸から40年以上経った２０１２年、高解像度画像中にマルス３号らしき物体が写り込んでいることが発見されたのです（図表Ｃ４－１）。本当にマルス３号であるという確証は得られていないそうですが、着陸機本体だけでなく、逆噴射ロケットやヒートシールド、パラシュートのようなものも見つかっています。

　これらを発見したのは研究者ではなく、なんと、ロシアの宇宙ファンたちでした。写っているとしたらこんな感じに写っているだろうというモデリングまでしたそうですから、すごい執念ですね。

　マルス３号が着陸したのは南部高地にある直径１６５㎞のプトレマイオス・ク

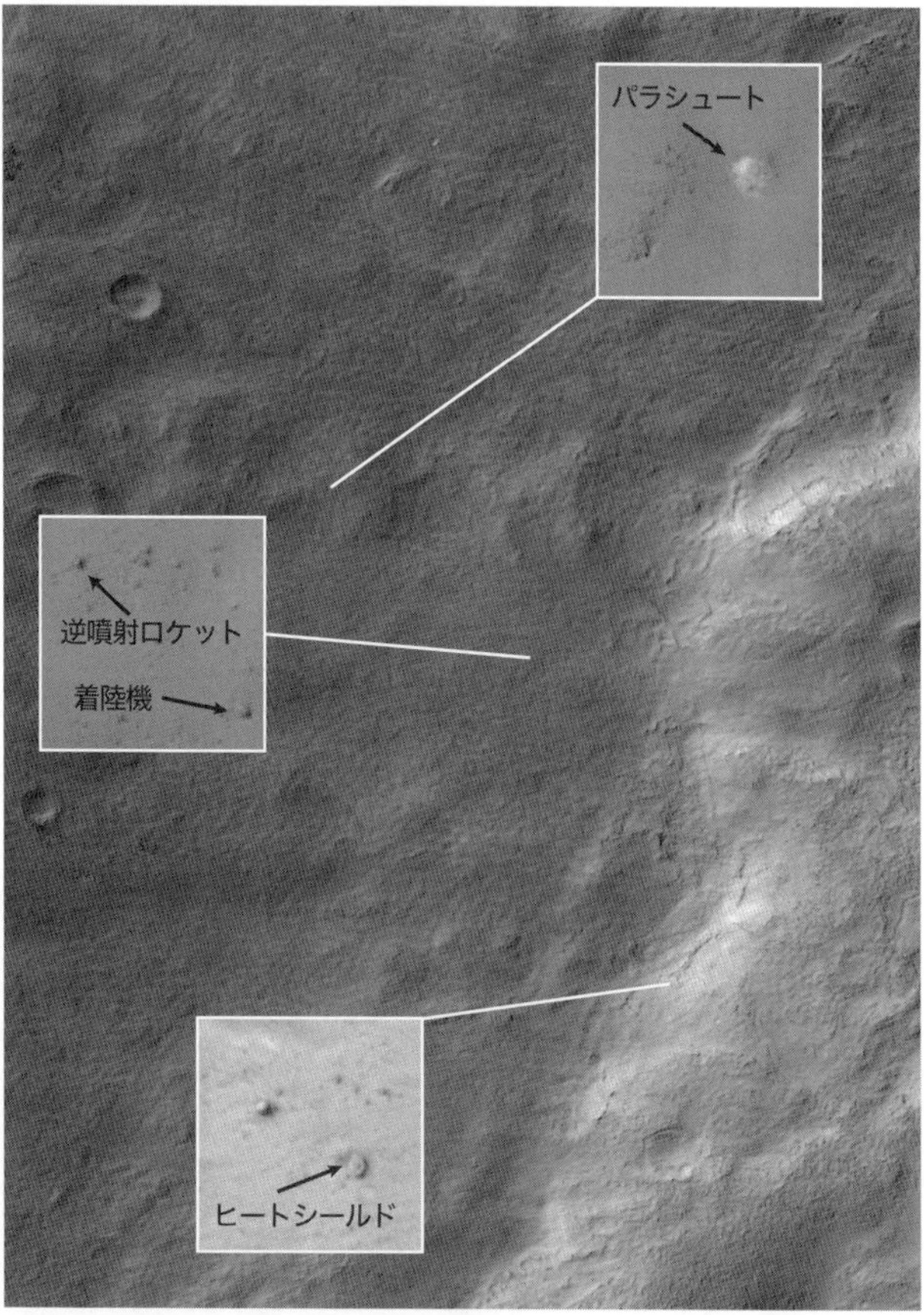

図表C4－1　40年の時を経て捉えたマルス３号らしき物体
HiRISE：PSP_006154_1345　NASA/JPL/University of Arizona

レーターでした。もう少し詳しく言うと、クレーター底北西部にある小クレーター、レウトフの西がマルス３号の着陸地点です。着陸から50年以上経っているのでなかなか見つけられないかもしれませんが、もし現地へ行かれた際には、ロシアの宇宙ファンのように根気強く探してみてください。

②火星と名づけられたアレス峡谷

火星の峡谷には、様々な国・地域の言葉で「火星」と名づけられているものがあります。例えば、カセイ峡谷は日本語の火星が由来です。このほかにも、マウース峡谷（ウェールズ語）、ティーウ峡谷（西ゲルマン語）、シャルバタナ峡谷（古代メソポタミアのアッカム語）、マルテ峡谷（スペイン語）など、２０２１年11月時点で合計20の峡谷が「火星」と名づけられています。ＮＡＳＡの探査機マーズ・パスファインダーが着陸したアレス峡谷も（図表Ｃ４-２）、ギリシャ語で〝火星〟を冠する峡谷の一つです。

この「火星」と名づけられたアレス峡谷は、マリネリス峡谷の東にある北西-南東方向に延びる、長さ１７００㎞の峡谷です。流線型の島など、かつて洪水が起

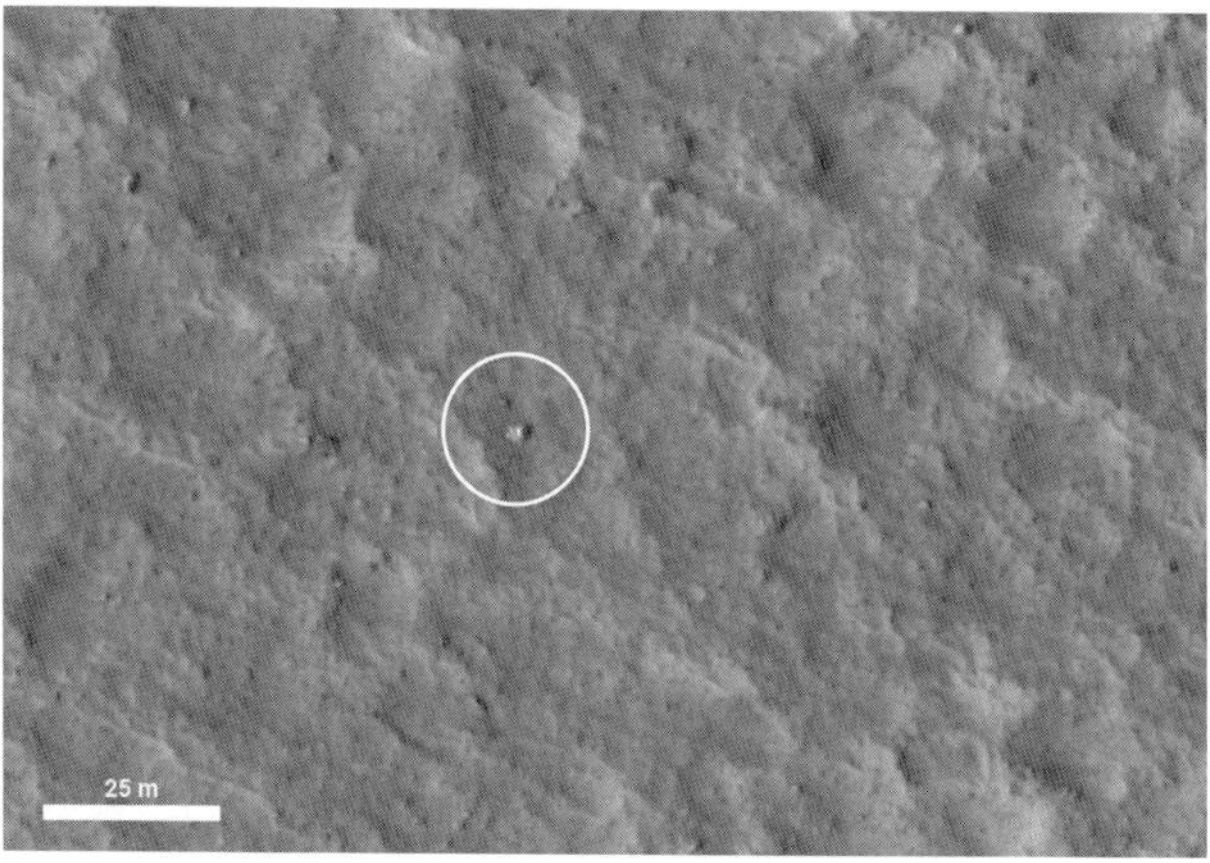

図表C4-2　探査機マーズ・パスファインダー
HiRISE : PSP_001890_1995　NASA/JPL/University of Arizona

こったと考えられる地形が残されています。谷底にはこうした洪水によって削られて運ばれた様々な種類の岩石があると期待されました。その期待に応え、マーズ・パスファインダーに搭載された小型ローバー「ソジャーナ」は多くの岩石を発見・調査。その中で驚くべき岩石が発見されました。なんと安山岩が発見されたのです。

　どうして安山岩の発見が驚くべきことなのでしょうか。地球で安山岩を作るマグマは、一度できた玄武岩質の地殻がプレート運動により地下に沈み込み、ともに沈み込んだ水によって融点が下がり、プレートやマントルウェッジ（沈み込むプレートと直上のプレートに挟まれたくさび型状のマントルの領域）が溶融することで形成されると考えられています。つまり、ある意味で岩石のリサイクルの証拠とも言える安山岩が、現在プレート運動がないと考えられていて岩石のリサイクルが起こりそうにない火星で見つかることは驚くべきことなのです。

ただし、少しだけ注意が必要です。ソジャーナには岩石を分析する前に表面を掃除するブラシを備えていませんでした。つまり、安山岩の組成が岩石自体の組成なのか、その岩石の表面の風化した物質を見ているのか、判断ができないのです。

もしアレス峡谷を訪れる際には、ソジャーナになった気分で岩石探しをしてみてください。そして、そのときはブラシを忘れずに。

③スピリットの戦場、グセフ・クレーター

スピリットという探査機をご存じでしょうか。同型の探査機オポチュニティと同時期に火星に着陸し、設定寿命を超えて6年以上も調査を続け、多くの発見をもたらした六つの車輪を持つ探査機です。このスピリットは探査中に三つの大きな試練

が立ちはだかりました。

　最初の試練は、着陸後しばらくしてからの通信途絶です。調査の結果、システムに問題があることが分かり、復旧には10日を要しました。次の試練は調査開始から2年後。右前車輪に異常が発生して動かなくなってしまったのです。以降、スピリットは右前車輪を引きずりながらの5輪走行を余儀なくされました。そして、最後の試練は２００９年。トロイと名づけられた砂地で車輪がはまり、動けなくなってしまったのです。砂地に囚われたスピリットをどうにか助け出そうと、ＮＡＳＡのエンジニアたちは「Free Spirit campaign」を立ち上げました。シミュレーションや砂場での実験を行い、それらの結果を基に何度も何度もスピリットに脱出を試みさせたのです。もがいている最中には、突如故障していた右前車輪が動き出しました。まさに奇跡です！　その後もなんとか脱出させようと、エンジニアたちは四方八方手を尽くしました。

　しかし、残念ながら、スピリットはトロイから脱出することがついぞ叶わず、その後はその場で観測を続けることになりました。そして、２０１０年3月、通信途絶し、スピリットのミッションは終わりを迎えます。

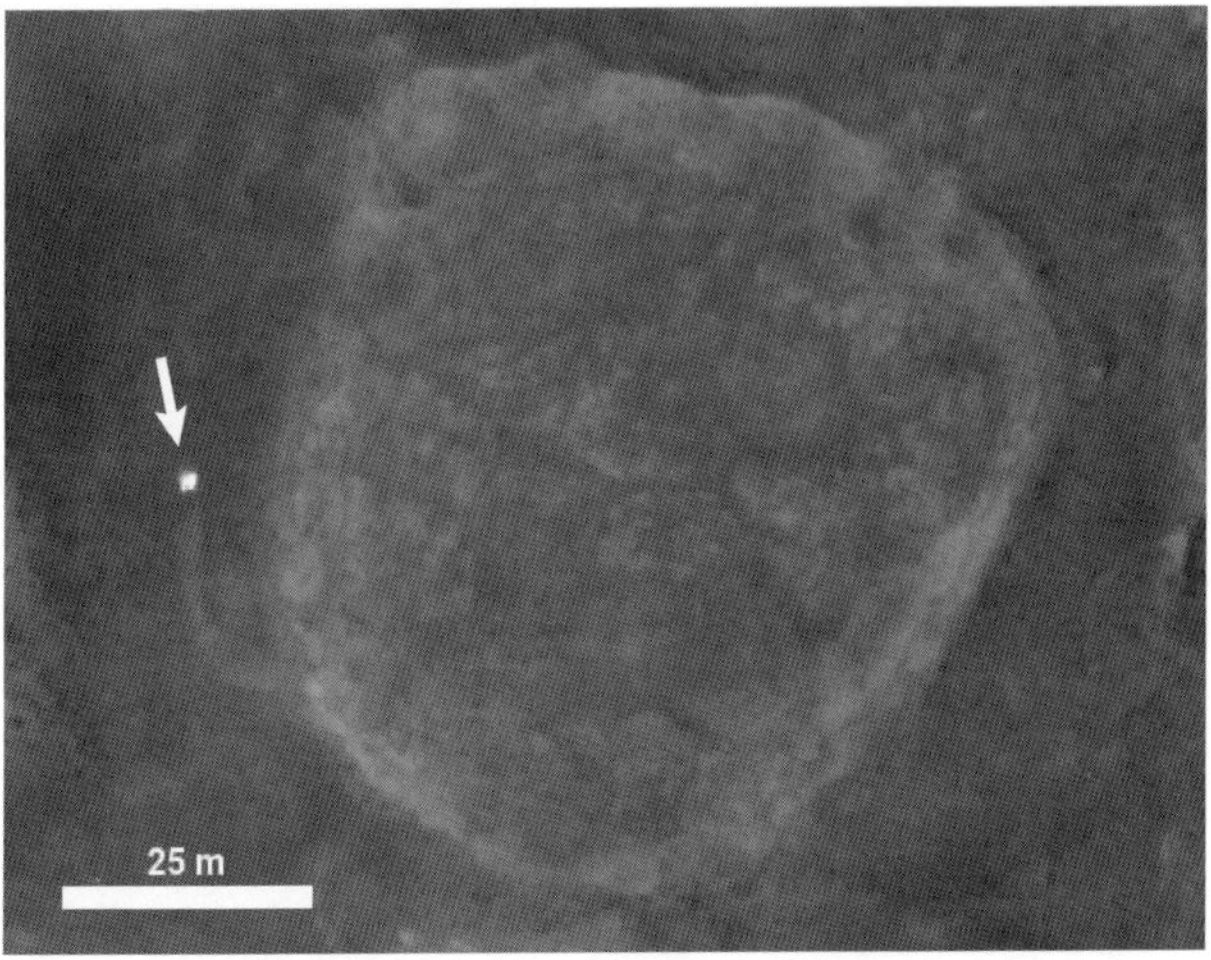

図表C4-3　探査機スピリット（矢印）とホームプレート（中央）
HiRISE：ESP_021925_1650　NASA/JPL/University of Arizona

　試練に立ち向かったスピリットが着陸したグセフ・クレーターは、南側から峡谷が接続しており、その峡谷を通じて水が流れ込んでできたクレーター湖であると考えられていました。そして、クレーター湖に溜まった堆積物を分析することで水の痕跡を得ることができるのではないかと推測されていたようです。しかし、クレーター内部に堆積していた岩石は、全て玄武岩の溶岩でした。

　スピリットが着陸したのはグセフ・クレーターのほぼ中央部

です（図表C4-3）。最初の試練、通信途絶のあった着陸地点はコロンビア・メモリアル・ステーションと名づけられています。これは、スペースシャトル・コロンビア号の空中分解事故で犠牲になった搭乗員7人に敬意を表したものです。

右前車輪が動かなくなった場所は、同クレーター内のコロンビア・ヒルズを構成する丘の一つであるマッコール・ヒルです。コロンビア・ヒルズでは、液体の水があった証拠となる、水によって強い変質を受けた火山岩がたくさん見つかりました。

最後の戦場跡であるトロイは同クレーター内のホームプレートと呼ばれる場所にあります。ホームプレートは大きさ90mほどの台地で、野球のホームプレートに似た形をしていることから名づけられました。このホームプレートでは「枯れた温泉」、つまり熱水活動の痕跡が発見されました。

ホームプレートでは火山学上重要な構造も発見されています。火山爆発では吹き飛ばされた岩石が柔らかい地面に着弾すると、めり込みます。このとき、直下の地層も同時にたわむのですが、この構造は火山学でボムサグ（bomb sag）と呼ばれます。このボムサグがホームプレートで見つかったのです（図表C4-4）。

ボムサグを写した画像は科学論文に掲載され広く知られることとなりました。皆

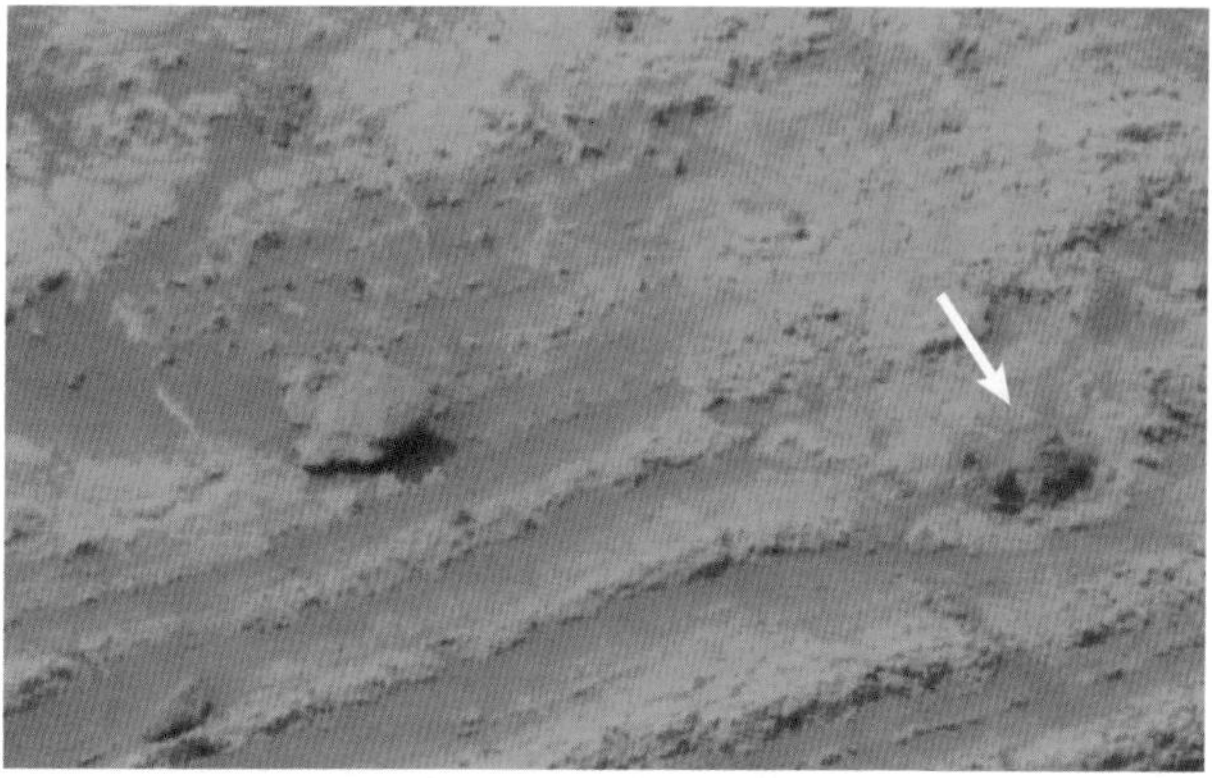

図表C4-4　火山爆発の証拠であるボムサグ
PIA08063　NASA/JPL/Cornell

さんもホームプレートへもし行った際には、論文に載ったボムサグを探してみてください。ただ、スピリットがそうであったように、グセフ・クレーター内には砂地が多く足を取られがちです。また、大きな砂嵐の前触れとなるダストデビル（つむじ風）もよく発生しますので、探索される際は十分お気をつけください。

④ラーメンスープくらいしょっぱい湖だった!?　ゲール・クレーター

皆さんはラーメン好きですか？　私は大好きで、お昼ごはんは大抵ラーメンです。特に好きなのは長浜ラーメンで、辛子高菜を入れて食べるのがもう最高で……と語り出したらキリがありませんが、ここで皆さんはラーメンスープの塩分濃度はご存じでしょうか？　世の中には実に多くのラーメンがあるので一概には言えませんが、大体１〜１・５％くらいの塩分濃度だそうです。実は、このくらいしょっぱい水が、かつて火星にも存在しました。

先ほどの火星一周で紹介したエリシウム平原の西部には、ゲール・クレーターという名前で、38億から35億年前にできたと考えられる直径１５０㎞ほどのクレーターがあります。このクレーターに２０１２年に着陸して探査を担ったのは、マーズ・サイエンス・ラボラトリー、別名キュリオシティ（好奇心の意味）でした（図表Ｃ４-５）。

ゲール・クレーターにはかつて湖が存在したと考えられています。そこで、ゲール・クレーター湖がどんな水質であったか、どのくらいの期間存在していたのかなど、詳細な調査がキュリオシティにより行われました。

クレーターの底にはかつて湖だった時代の堆積物があります。調査では、この堆積物中にあるスメクタイトという粘土鉱物が鍵となりました。スメクタイトは層構造を持つ粘土鉱物で、水を吸収するとふくらむ性質があります。さらに、この層の

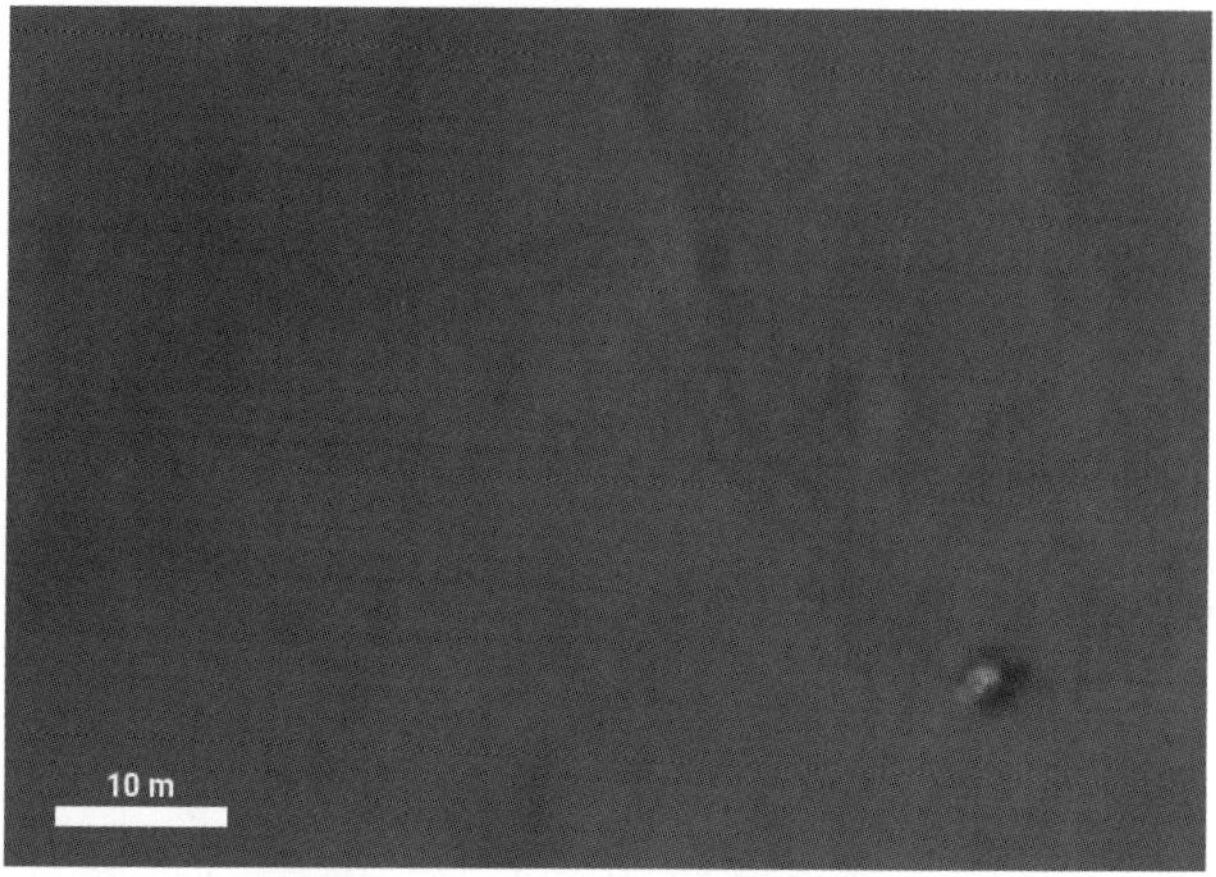

図表C4-5　探査機キュリオシティとその轍
HiRISE：ESP_028612_1755　NASA/JPL/University of Arizona

間には水に溶けたナトリウムイオン（Na^+）やカリウムイオン（K^+）などの陽イオンが保持されるのですが、水がなくなった後も陽イオンは保持され続けます。この性質を利用し、スメクタイト中の陽イオンを調べることで、ゲール・クレーター湖の水質が復元されたのです。

その結果、水は中性でミネラルが多く含まれており、塩分濃度は地球の海水の約３分の１であったことが分かりました。地球の海水の塩分濃度は３・４％です。もう皆さんもお気づきかと思います。そう、ゲール・クレーター湖の塩分濃度はラーメンスープと同じくらいだったのです。

このくらいまで塩分濃度を高めるにはどのくらいの期間が必要でしょう。地球の河川に含まれる典型的な塩分量と火星の気候モデルからゲール・クレーター湖の蒸発率を算出し、塩分の濃縮期間を計算した結果によると、１００万年程度の時間がかかるようです。つまり、火星でも１００万年以上、湖が存在した歴史があるようなのです。

ラーメンを食べる際は塩分過多に気をつけながら、ゲール・クレーターにも思いを馳せてみてください。

＊　　＊　　＊

聖地巡礼、いかがだったでしょうか。ご紹介しきれない聖地はたくさんありますし、今後も探査機が送られて聖地は増えていくことでしょう。ぜひ皆さんも、ほかの探査機の軌跡を調べてみてください。

第3章 オリンポス登山

——溶岩と氷河が作った太陽系最大級の山

鉄道や汽船が世界を小さくし、観光旅行を盛んにしたことは「プロローグ」で述べました。19世紀には地球を一周することが旅行の対象となり、21世紀には同じような変化が火星でも起こるのではないかと想定したのが本書です。

このとき重要な点が一つあります。それは、このような旅行範囲の拡大は横への広がりだけでなく、高さつまりは山登りに関しても当てはまるということです。産業革命による中産階級や移動手段の拡大によって、登山の目的は、山岳信仰や鉱物収集のようなものから、山に登るという行為そのものへと移っていきました。「なぜエベレストに登るのか」と尋ねられた登山家のマロリーが「そこにエベレストがあるから」と答えたことは、近代登山の性格を表しているといえます。まさに、「山に登ること」が登山の目的なのです。

そうすると、テクノロジーの発展によって将来火星が小さくなれば、地球がそうであったように、火星の山に登ってみようという人々も現れてくるのではないでしょうか。

そして、火星には地球と同様に様々な山がありますが、おそらく最も人々の興味を掻き立てるのはオリンポス山のはずです。なぜなら、第2章でも述べた通り、オリンポス山は火星ではもちろん、太陽系全体を通しても最も高い山の一つだからです（61ページ参照）。

地球ではこれまで何人もの人々が、エベレストの登頂に挑戦しています。また、各大陸の最高峰を制覇する試みも行われています。富士山の頂上に多くの登山者が訪れることを見ても、最高峰とは、どうやら山登りをする人にとって特別な意味を持つようです。登山の目的が「山に登ること」そのものであるからこそ、高さが重要となるのでしょう。だとすると、太陽系最高峰という称号は、近代登山における、それこそ一つの到達点かもしれません。

もちろん、環境が地球と大きく異なる火星で、人間が実際に山登りをするのは簡単ではありません。食料や衣服、また、それ以前に酸素の問題など、困難がいくつも伴います。ロボットのような機械に登らせるにしても、様々な技術検討を要することでしょう。

そこでこの章では、実現のための具体的な技術や計画はまず置いておいて、オリンポス山に登ることを想定し、そこで見られる興味深い山の地形や形成過程を紹介したいと思います。

登山コース――標高2万mの頂きにいたる1カ月の旅

オリンポス山については、すでに火星一周ルートの部分で軽く触れていますが、今一度、その概要を確認したいと思います。

オリンポス山は火星の北緯17・３度、東経２２６・３度に位置しており、標高は約21・１

km、楯状火山に分類される火山です。南東にはタルシス台地と呼ばれる高地があり、オリンポス山の周囲は標高がマイナスになっています（64ページ参照）。山の幅はおよそ600km、麓から山頂までは水平距離で約300kmあります。これはだいたい東京から名古屋くらいまでの距離です。地球の高い山の場合、垂直に近いような急斜面をよじ登ることもありますが、オリンポス山の場合、高さ以上に横方向への移動が大変そうです。

それでは、このようなオリンポス山を実際に麓から山頂まで登るには、どのようなルートを辿って行けばいいでしょうか。楯状火山という名前の通り、楯を伏せたような形をしているオリンポス山の山腹は、基本的になだらかです。それでも局所的に人間や機械にとって危ない場所もあります。有人の場合はもちろん、ローバーといった探査機で登るときでも、きちんとしたルートを選びたいものです。

本当ならば、ここで豊富な登山経験を基に、おすすめのオリンポス登山コースを紹介できればいいのですが、この章の筆者はほとんど山登りをしたことがありません。それも、オリンポス山は、まだ人類が誰も登頂したことのない、登山ルートが確立されていない山です。正直に言いまして、オリンポス登山の際にどういったルートを選択するのが適切なのか、見当もつきません。

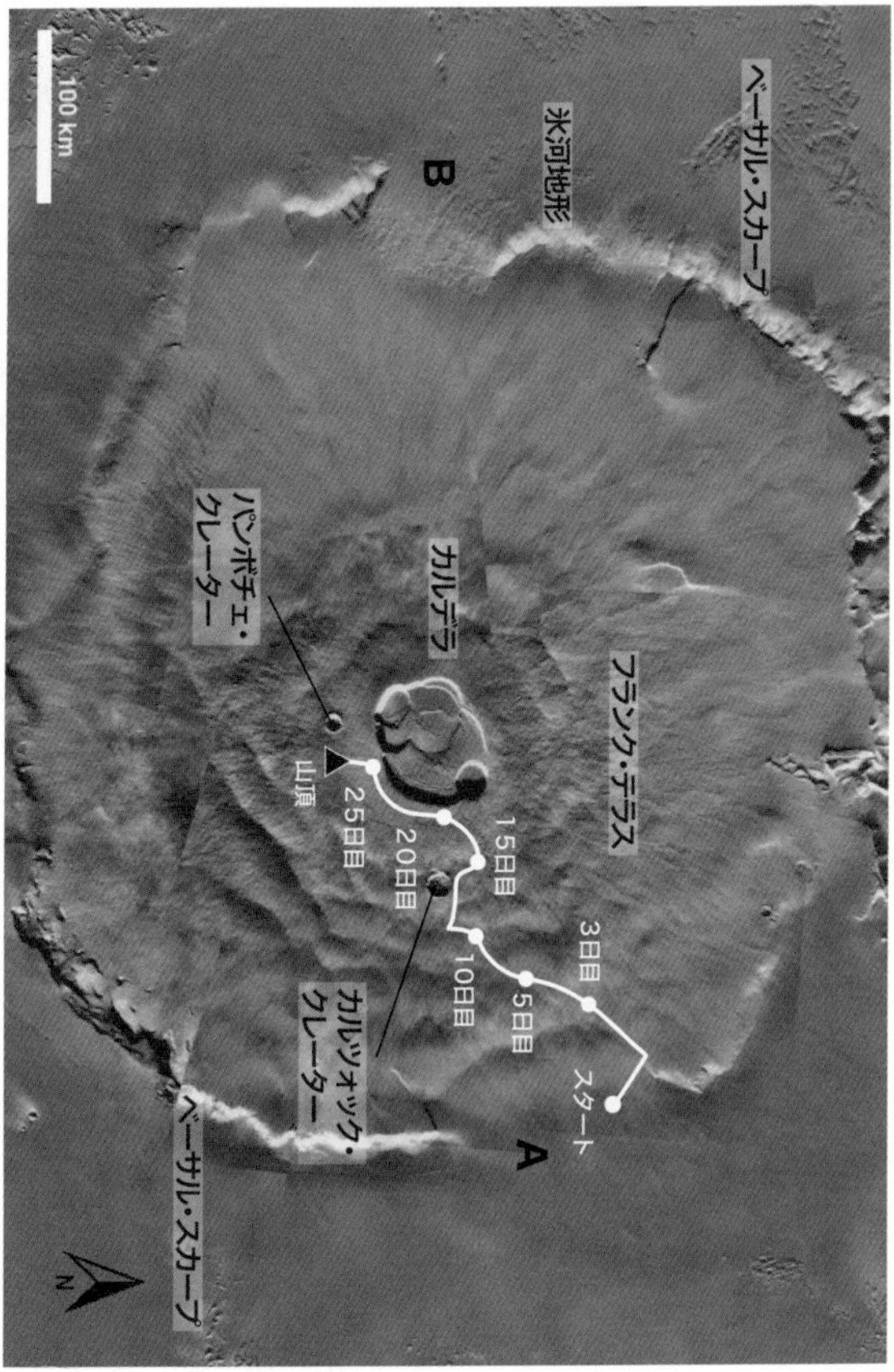

図表3－1　オリンポス山登山ルート
NASA/JPL-Caltech/Arizona State University
Paul Hodge著『Higher than Everest, An Adventurer's Guide to the Solar System』を参考に作成。

ただ、幸いなことに、アメリカの天文学者であるポール・ホッジ氏が自身の著書『Higher than Everest』の中で、オリンポス山登頂ルートの一例を示してくれています。ここではそんなホッジ氏の提案を基に、オリンポス山の頂上にいたるまでのルートを紹介したいと思います。

まず登山のスタート地点となるのは、図表３－１に示した東側の麓です。後述するようにオリンポス山には周囲を取り囲む急な崖がありますが、このエリアは比較的斜面の傾斜が小さく、オリンポス山のベースキャンプとしてはうってつけです。ホッジ氏のプランだと、このなだらかな崖を３日ほどかけて登り、それから本格的に山腹に入っていきます。

山腹は比較的なだらかですが、勾配が急な箇所もありますので、上手にそれを迂回しながら、カルデラを目指します。12〜13日目には、カルツォック・クレーターの淵を歩くことになります。もし興味があるなら、クレーターの底まで下りて観察するのも楽しいかもしれません。そして、見事に山腹に開いた穴や盛り上がった部分を上手にかわしていくと、18〜20日目には山頂付近にあるカルデラの縁に到着します。

ホッジ氏のルートでは、ここがゴールです。そのあとはカルデラの縁を巡ったりして、同じルートを下山していきます。しかし、オリンポス山の山頂はカルデラではなく、少し南側へ行ったところにあります。せっかくここまできたのなら、カルデラの縁を南方向へと回り、そこからさらに南下して頂上まで進んでみたいものです。頂上近くまでくれば、もう一つのクレーター、パンボチェ・クレーターも見ることができます。いままでの日程を考慮すると、スタートしてから頂上まで、だいたい1カ月弱ほどかかりそうです。

　これがオリンポス登山の「ホッジコース」です。もちろん、現実に登るとなれば、酸素や食料の問題など、解決しなければならない課題は山積みです。例えば、宇宙服を着て酸素ボンベも運びながら、何十キロメートルもの道のりを歩くのは、実際に行うとなると非常に困難な活動です。ここでは、そのような現実的な課題は考慮されていません。ルートや日程はあくまでも、現実的な課題を無視した上での想像上のプランです。実際に火星に人を送り込むためには、とてつもない数の技術検討が必要となります。

　それでも、画像を見ながらあれこれ想像して楽しむのは自由です。登山経験の乏しい筆者には分かりませんが、このルート以外にも、例えば西側の入り口からアタックしたらどうなるかなど、面白いコースをいろいろ考えることはできると思います。さらに、これまで精力的な火星探査が行われてきたことで、今では現地へ行かずとも、オリンポス山の興味深い地形を様々なデータから知ることができます。そこで、ここからはオリンポス山に登っているつもりで、そこで見られる特徴的な地形を一つ一つ追ってみましょう。

山麓周辺——溶岩と氷河に形作られた豊かな大地

まずは、オリンポス山の麓付近を見ていきます。上空から見ると、オリンポス山の縁の部分は周囲の大地と連続しておらず、前述の通り崖となっています。この麓の崖はベーサル・スカープ（Basal Scarp）と呼ばれ、オリンポス山に特徴的な地形です。南東に位置するタルシス三山に、このような崖は見られません。どうしてオリンポス山の麓だけが崖になっているのでしょうか。その謎を解く鍵はオリンポス山の周囲にあります。

オリンポス山の周りを見ると、何百kmにもわたってザラザラとした感じの平らな地表が広がっています。そして、その地表はいくつかの丸いエリアに分かれています。これらのエリアはオリオール・デポジット（Aureole Deposit）やオリオール・ローブ（Aureole Lobe）と呼ばれ（図表3－2）、ベーサル・スカープと同様にオリンポス山に特有の地形です。

オリオール・ローブがどのように形成されたかというと、もともとオリンポス山の山体だった部分が崩れて広がったのだろうと考えられています。それも、複数のエリアに分かれ

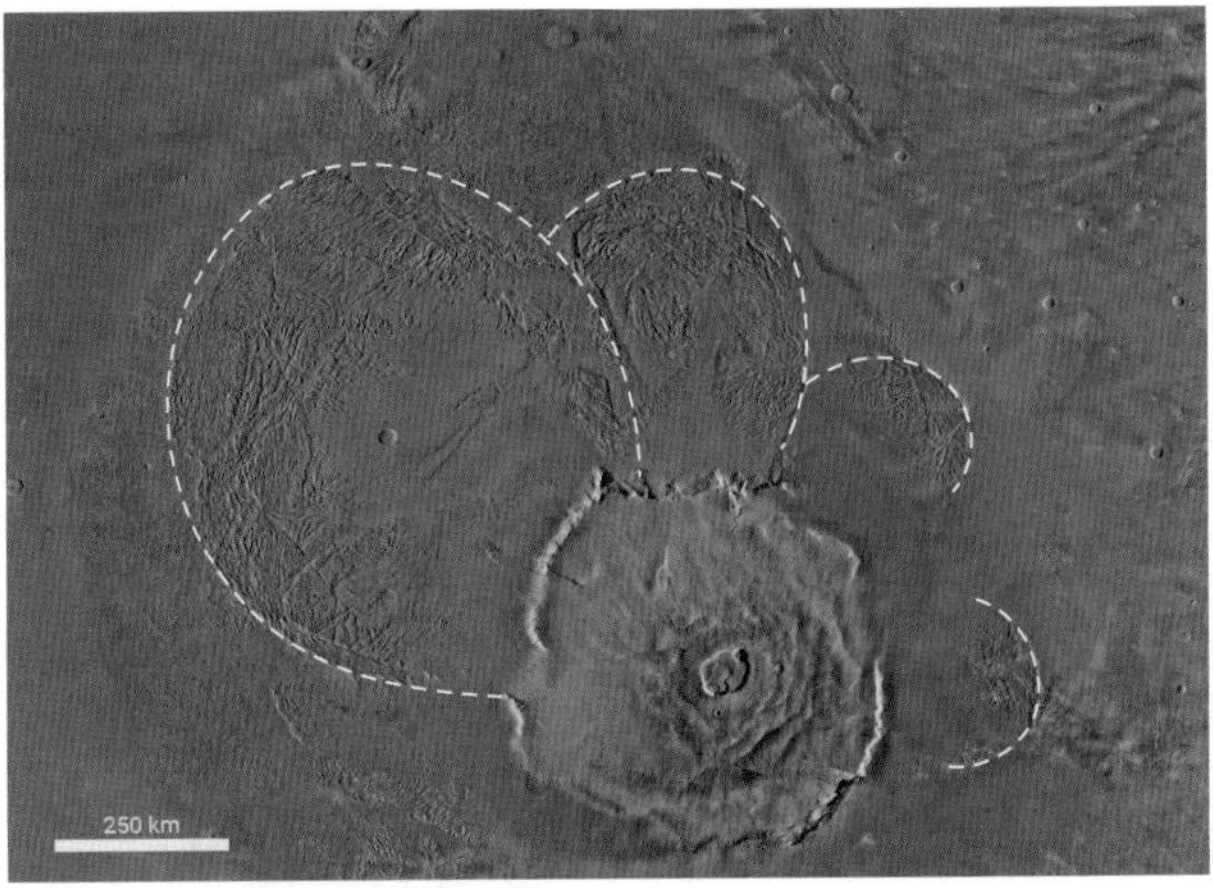

図表３－２　崖崩れでできたとされるオリオール・ローブ
NASA/JPL-Caltech/Arizona State University

ていることから、崖崩れは複数回起こったようで、クレーター年代学の見積もりでは、一番新しいのは北側のオリオール・ローブで、25・4億年前にできたと見積もられています。

では、このオリオール・ローブが形成に関係する、オリンポス山を囲むようにそびえる崖、ベーサル・スカープは実際どうやってできたのでしょうか。その詳細な形成過程として二つの説が考えられています。

一つ目はこうです。現在のオリンポス山は太陽系最大級の巨大な山ですが、もちろん誕生時から巨大だったわけではありません。オリンポス山は噴火を繰り返すことで徐々に成長したと考えられています。

大きくなれば当然重量も増えていきます。

すると、どうなるか。重みのせいで、火星の地表がだんだん下に沈み込んでしまうのです。さらに、沈み込んだ大地の上に乗るオリンポス山も湾曲したように変形していきます。山の縁（麓）は斜面が急勾配になり、麓の安定性が失われて崖崩れが発生します。結果、崩れた山体はオリオール・ローブとして周囲に広がり、崩れた場所はベーサル・スカープになったというのが、一つ目の説です。

二つ目の説は、麓の急勾配の部分で崖崩れが発生してオリオール・ローブができたというのは一つ目の説と同じなのですが、急勾配の斜面ができたメカニズムが異なっています。オリンポス山は比較的低い土地にあるということは先に述べましたが、このオリンポス山の周囲には、過去に海があって、それが麓の急勾配を引き起こしたのではないかというのが二つ目の説の要です（図表3‐3）。

周囲に海がある場所では噴火が起こると、山体を流れた溶岩は麓の付近で水に接触します。すると、その溶岩は急激に冷却されることで、水に触れた付近で固まってしまいます。結果、海と接触しているあたりでは、斜面が急勾配に。その後の噴火によってさらに溶岩が流れると、すでにできた急勾配に冷え固まった溶岩が積み重なり、崖が大きく成長していきます。それが不安定になったときに崩れることで、ベーサル・スカープとオリオール・ローブが形

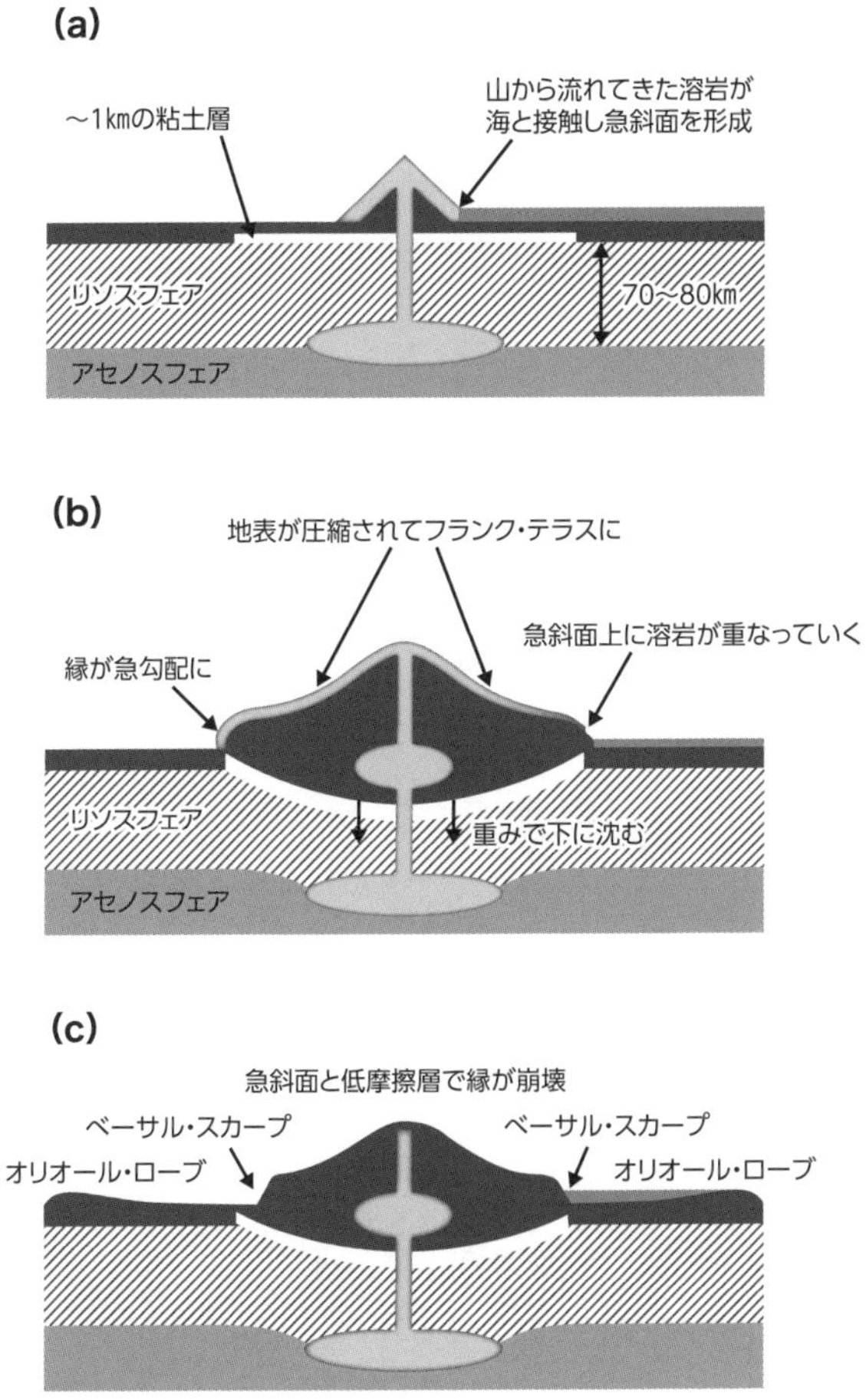

図表３－３　オリオール・ローブの形成過程
左側が山の変形によって急斜面ができた説。
右側が海と溶岩が接触して急斜面ができた説。

成されたとするのが、二つ目の考え方です。

　オリオール・ローブは、オリンポス山の北から西側にかけて特に大きく広がっています。このあたりは北西の方が南東の方よりも低くなっているので、海があったとしたら北西側の方が深くなっているはずです。深い海と接すれば、それだけ高い急斜面ができる可能性が高くなります。そのため、海のモデルは、オリオール・ローブが北西側に大きく広がっていることと整合的です。しかし、だからといって一つ目の説が、二つ目の説より可能性が低いことを意味しているかというと、そういうわけではありません。実は、オリンポス山の麓が崩れるには、単に急勾配の斜面ができるだけでは不十分だという指摘があるのです。

　その研究では、斜面が崩れるためには、山体の下に摩擦を減らすようななんらかの層が必要で、その候補として、厚さ１㎞程度の粘土層を挙げています。オリンポス山の周囲は北西側の方が低くなっていることはすでに述べましたが、もし仮に、粘土が低いところに流れたとしましょう。北西の方には南東よりも厚い粘土層があり、斜面がより不安定となる可能性があります。もう一度オリンポス山を上空から撮影した画像を見てください。オリンポス山の山頂は、ほぼ山の中心にあるのですが、若干、北西側の裾野が長くなっています。粘土層の存在を指摘した研究チームは、まさにこれこそ、山の北西側がほかの領域に比べて、横滑りが起こりやすい証拠だと述べています。

もし地盤が不安定になっているのならば、北西側で頻繁に崖崩れが起きたとしても不思議ではありません。ただ残念ながら、オリンポス山の下に粘土層が存在しているかどうかは、はっきりと分かっていません。現段階で言えるのは、20億年以上前に、オリンポス山の麓、特に北から西のエリアで複数回にわたって大きな斜面崩壊があったらしいということです。

ベーサル・スカープの傾斜はだいたい20〜40度になっています。この傾斜は登ろうとすると、なかなかの急斜面です。しかし、先ほど少しご紹介したように場所によってはなだらかなところもあります。例えば、山の東側、図表3-1のAで示した場所は、傾斜が2度程度しかありません（ホッジコースの入り口です）。また、図表3-1のBで示した西側の領域も、傾斜が11度とほかの場所よりはなだらかになっています。

東側に比べて斜面は少し急になってしまいますが、西側の麓には東側にはない面白い地形が見られます。図表3-4はオリンポス山の西側の麓の写真ですが、この写真をよく見ると、何かが流れたような地形があるのが分かるでしょうか。これとよく似た地形は地球でも観測されています。この地形は岩石氷河といって、氷が周囲の岩石などを巻き込みながら、少しずつ流れていったことによって作られたものです。両者が似ていることから、オリンポス山

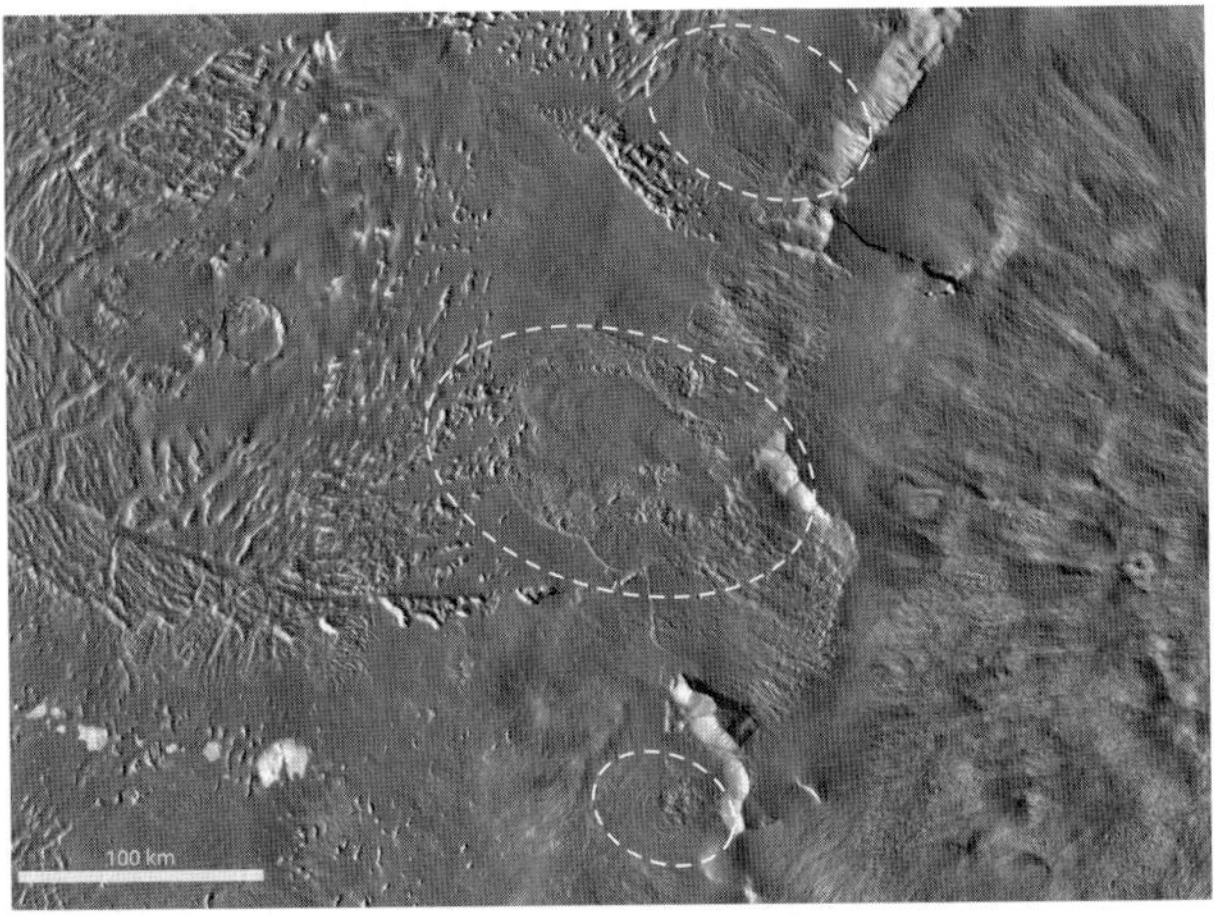

図表３－４　オリンポス山の氷河地形（破線で囲まれた部分）
NASA/JPL-Caltech/Arizona State University

の麓にある地形もおそらく岩石氷河で、ベーサル・スカープの上にあった氷が下まで流れ、その後に氷が昇華して岩石が残ったのだろうと考えられています。クレーターの数による見積もりでは、この付近の地形はオリンポス山の中でも新しくできた地形で、中には２００万年前という溶岩の跡もあります。

　現在の火星環境下では、オリンポス山のある緯度は気温が高いため、氷が形成されにくくなっています。そのため、オリンポス山の麓に氷河地形があるというのは意外なのですが、コンピューターシミュレーションの研究によると、過去の火星では自転軸が大きく傾いている時期があったようです。自転軸の傾きが大きい場合、低緯度の領域は太陽光が斜めに差し込むため、今よりも気温が低かったはずです。オリンポス山麓の氷河地形は、自転軸の傾きが大きかった時期に形成された氷によって引き起こされたのだろうと考えられています。

氷河の痕跡が残っているとなると、一つ疑問が浮かびます。今でもこの辺りには氷が残っているのでしょうか。現在の火星の気候条件を考えると、氷はすでに昇華してなくなっているのではないかと考えられています。しかし、タルシス三山を構成するアルシア山やアスクレウス山の周囲にある氷河地形では、現在でも地下に氷が残っているのではないかという指摘もなされています。もしかしたら、オリンポス山の周辺にも深いところには部分的に氷があったりするのかもしれません。ただし今のところ、氷があるという観測的な事実は得られていません（少なくとも浅い部分には氷は残ってなさそうです）。オリンポス山周辺の詳しい地下の構造に関しては、将来の観測に期待したいところです。

山腹――山肌に現れる〝ウロコ〟の正体

ベーサル・スカープを抜けると、いよいよオリンポス山の山腹に入ります。20〜40度の急斜面であるベーサル・スカープに対し、オリンポス山の山腹は傾斜がおよそ2度から8度と平坦です。火星に限らず、楯状火山の斜面はこのように比較的なだらかなものが多くなっています。その理由は、楯状火山の溶岩が比較的サラサラしていて高く積み重なりにくいためです。ただし、山腹の全てがなだらかというわけではありません。山肌にできた地形によって、やはり部分的に急斜面となっていたり、深い孔が開いている場所もあります。ここからは、そんなオリンポス山の山腹の様子を詳しく見ていきたいと思います。

　まずは山腹全体の構造を見てみましょう。山肌の画像をよく見ると、オリンポス山の山腹はなんとなく、魚の鱗のようであることが分かります。これはフランク・テラス（Flank Terrace）と呼ばれ、タルシス三山にも見られます。

　なぜこのような地形ができるかというと、これに関してもはっきりとしたことは分かっていないのですが、有力な説としては、ベーサル・スカープ形成のところで述べた、オリンポス山の沈み込みが関係しているのではないかと考えられています。

　オリンポス山が噴火によって成長するにつれて、自身の重みで山体が下に沈んでいったことはすでに述べました。このとき、地盤はしなるように変形するので、その上に乗る山には表面を圧縮するような力がかかります。そして、その力によって上にせり出した部分がフランク・テラスになったと考えられています。あくまでもこの考えは一つの説ですが、オリンポス山のミニチュア模型を用いた実験では、山体に鱗状の模様が形成されることが確認されています。

フランク・テラスは先端がせり上がっているため、この部分は局所的に傾斜が15度ほどになっています。山腹を移動する際には上手に迂回しながら、比較的なだらかな場所を進んでいきたいところです。

もう少し細かく山腹を見てみましょう。オリンポス山の山腹には長さ数十キロメートルにわたる比較的直線状の溶岩の流れた跡が見つかります。その跡に沿ってところどころ深い孔が開いていることもあります。山の地表に開いた孔というと、一般的に噴火口が思い浮かびますが、このように溶岩の流れに従って開いている孔は、噴火口ではなく溶岩チューブにできた「スカイライト」ではないかと考えられています（図表3‐5、第2章を参照）。ただしオリンポス山の場合、スカイライト（と考えられている縦孔）はタルシス三山やエリシウム山ほど多くはありません。この理由はよく分かりませんが、溶岩の性質や流れ方が微妙に異なっているのかもしれません。オリンポス山のスカイライトは孔の底までの深さが20ｍほどあると見積もられています。

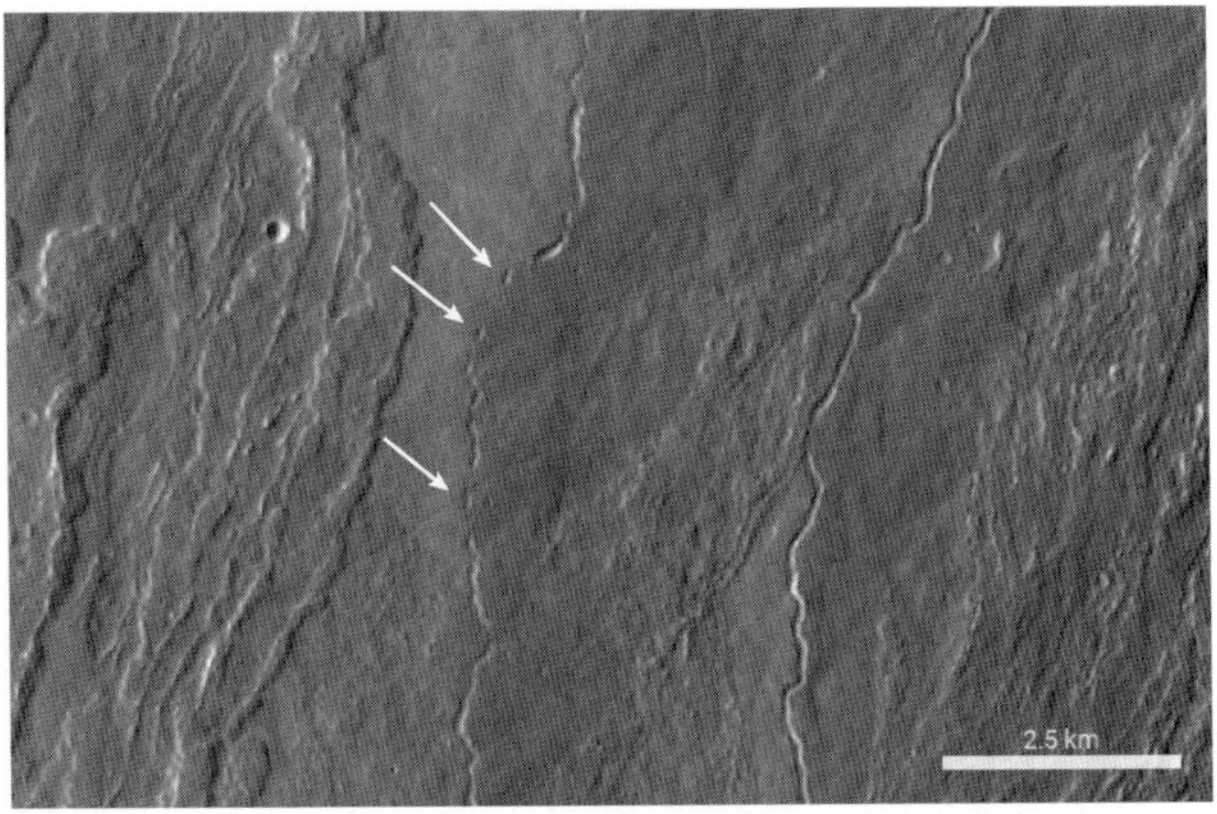

図表3－5　溶岩チューブにできたスカイライトと思われる孔
THEMIS：V11326014　NASA/JPL-Caltech/Arizona State University

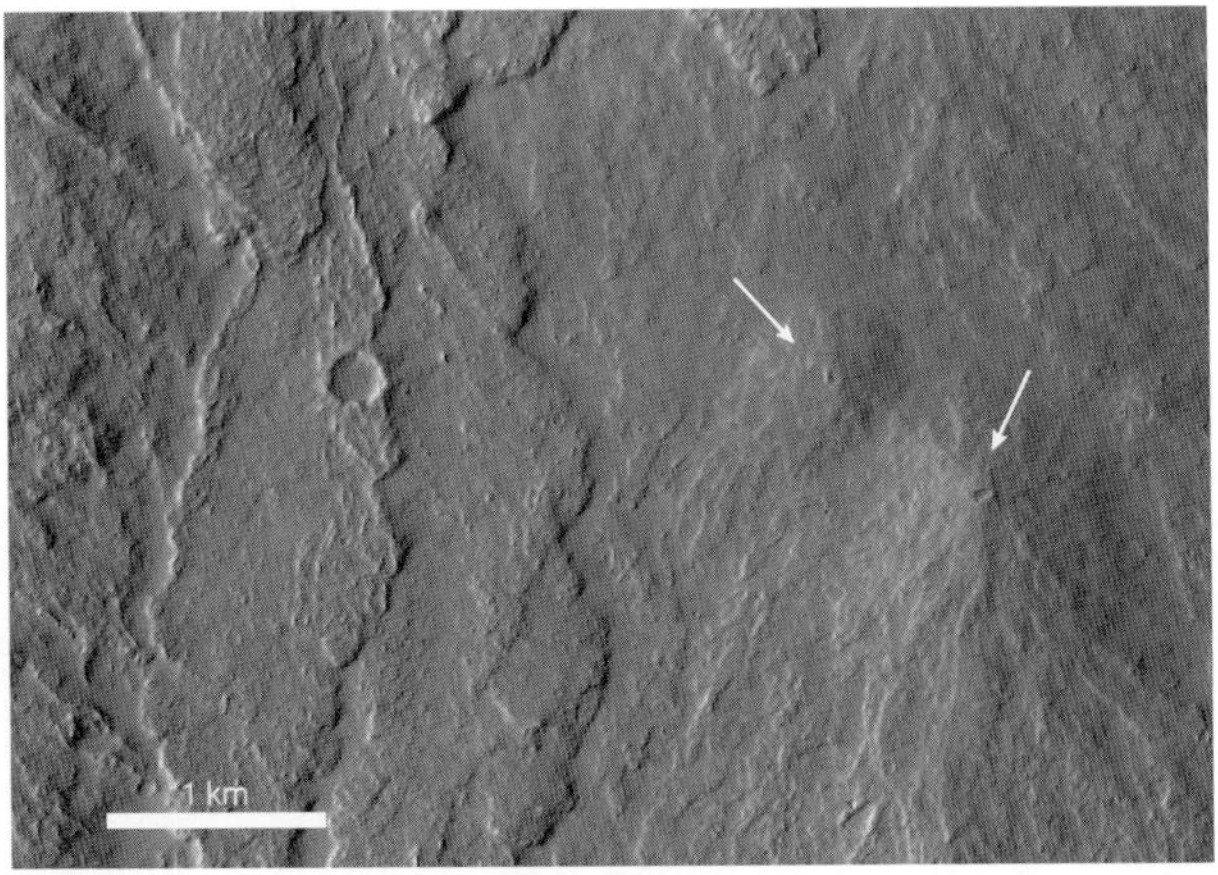

図表3－6　オリンポス山の山腹にある火口
CTX：P02_001920_1958_XN_15N132W
NASA/JPL-Caltech/Arizona State University

また、オリンポス山は過去に山腹から噴火した可能性があることが指摘されています。例えば、図表３‐６の穴は山腹で噴火が起きた際の火口である可能性があるようです。オリンポス山の詳しい噴火の歴史は分かっていないため、現段階では仮説ではありますが、山腹から溶岩が流れることはハワイの火山でも起こっています。今後、山腹の観測が詳細に行われれば、さらに詳しいことが分かってくることでしょう。そうなれば、火星の火山はほかの天体の火山とどの点が同じで、逆にどの点が大きく異なっているのかというような、天体ごとの比較、すなわち惑星火山学もこれまで以上に可能となるはずです。

山頂付近――カルデラを回る１周２４０㎞のお鉢巡り

最後は山頂付近へ歩いていきましょう。ここで最も特徴的な地形は、やはりカルデラです。カルデラは噴火によって山体が陥没してできた窪みで、日本の火山では阿蘇山が有名です。

オリンポス山のカルデラは山頂の少し北側にあり、その深さはどこから測るかにもよりますが、南側の淵からカルデラの底までの高低差は３０００ｍを超えます。３０００ｍ級の山というのは、日本ではなかなかの高さですが、オリンポス山ではカルデラだけでその高低差があるのです。カルデラの幅も約70kmと広大で、富士山が収まるくらいのサイズになります。ちなみに、富士山では頂上まで登ると、火口の周りを一周するお鉢巡りという約2・6kmのコースがあるようですが、オリンポス山のカルデラ周辺を同じように周った場合、水平距離はおよそ240kmになります。

カルデラ周辺には溶岩が流れた跡がいくつも観測されており、それらはカルデラを中心に広がっています。どうやら過去にカルデラの領域を起点とした噴火があったようです。しかし、現在のカルデラ付近には明確に火口と思われる場所、つまりは溶岩の噴火口が見られません。これはおそらく、カルデラが陥没した際に火口も一緒に埋まってしまったのだろうと考えられています。

最近の研究では、ほかにも興味深い地形が見つかっています。どうやら、カルデラの南側を流れた溶岩は、下流の方が高い位置にあるようなのです。つまり、溶岩は一見、高い場所に向かって流れているように見えるのです。なぜこのような不可思議な様子になっているのでしょうか。

その原因として考えられるのは、溶岩が流れた後で、南側の山体が隆起したということです。この隆起は山の内部に新しくマグマが溜まったためではないかと考えられています。だとすると、山頂付近からの最後の噴火が起きた後もしばらくの間、オリンポス山内部ではマグマの供給が続いていた可能性があることになります。後述しますが、オリンポス山のカルデラは2億～3億年くらい前に形成されたと考えられています。マグマの供給がどれほど続いたのかは定かではありませんが、仮に最後の噴火とカルデラ形成との間に時間の差がないとすると、オリンポス山のマグマ溜まりには、つい最近まで（数億年前というのは火星の歴史としては最近です）マグマが供給され続けていた、つまり火山活動が起きていた可能性があるということになります。これは非常に興味深い話です。例えば、現在のオリンポス山の内部はどうなっているのでしょうか。いろいろ疑問が出てきます。ただし、山体が隆起した詳しいメカニズムは分かっていません。今後の研究が進むにつれ、さらに新しいことが分かってくることでしょう。

　次は、カルデラ内部にも目を向けてみましょう。オリンポス山のカルデラは底が平らな地形をしています。この地形はパテラと呼ばれ、似たような地形は地球ではハワイのキラウエア火山の山頂に見ることができます。また、火星からは話がそれますが、木星を中心にして回る衛星のイオにも多くのパテラがあります。地球や火星のパテラが山頂付近にあるのに対し、イオのパテラの多くは比較的平坦な場所にあるのが特徴です。その理由は地球や火星の溶岩よりもイオの溶岩は粘性が低くサラサラしていて、高い山を作りにくいためではないかと考えられています。

話を火星に戻しましょう。オリンポス山のパテラは六つに分かれており、それぞれゼウス、ヘラ、アテネ、ヘルメス、アポロ、デュオニュソスと、ギリシャ神話の6柱の神々の名前がつけられています。ただし、研究によっては、ヘルメスパテラとデュオニュソスパテラを一緒にしているものもあります（図表3-7、図表3-8）。

クレーターの数から推定した年代によると、六つのパテラのうち、最も新しいのはヘラパテラで1億〜1・4億年、最も古いのはデュオニュソスパテラでおよそ2・6億年前に形成されたと見積もられています（Neukum. 2004）。それぞれのパテラの形成年代が異なっていることから、オリンポス山のカルデラは、2億年前ごろに複数回に分けて徐々に形成されたようです。ほかにもカルデラの形成年代は推定されており、その結果はもう少し古い年代が出ていますが（Robbins et al. 2011）、それでもカルデラが形成されたのは3億年ほど前であり、太陽系の歴史の中では最近の出来事です。

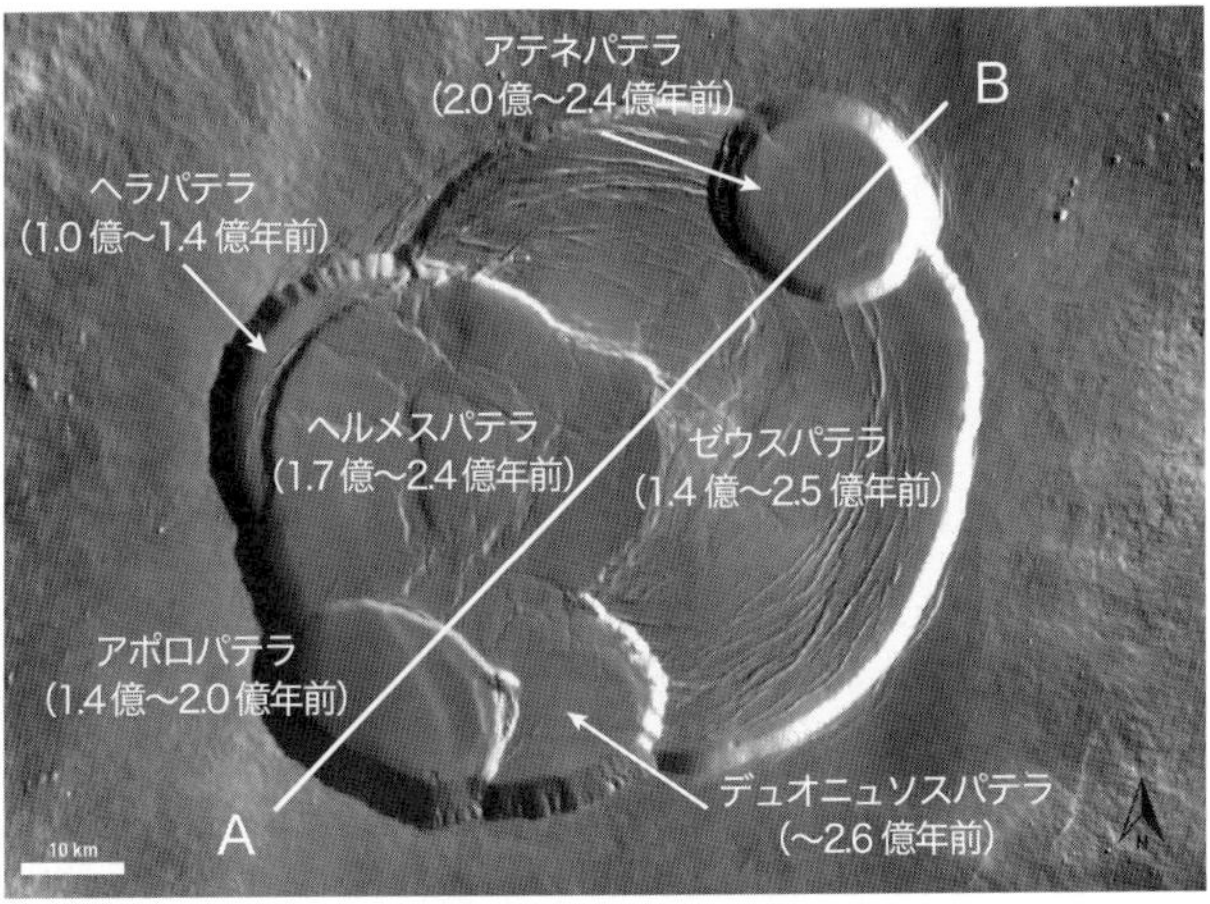

図表3-7　オリンポス山の火口にあるパテラ
NASA/JPL-Caltech/Arizona State University

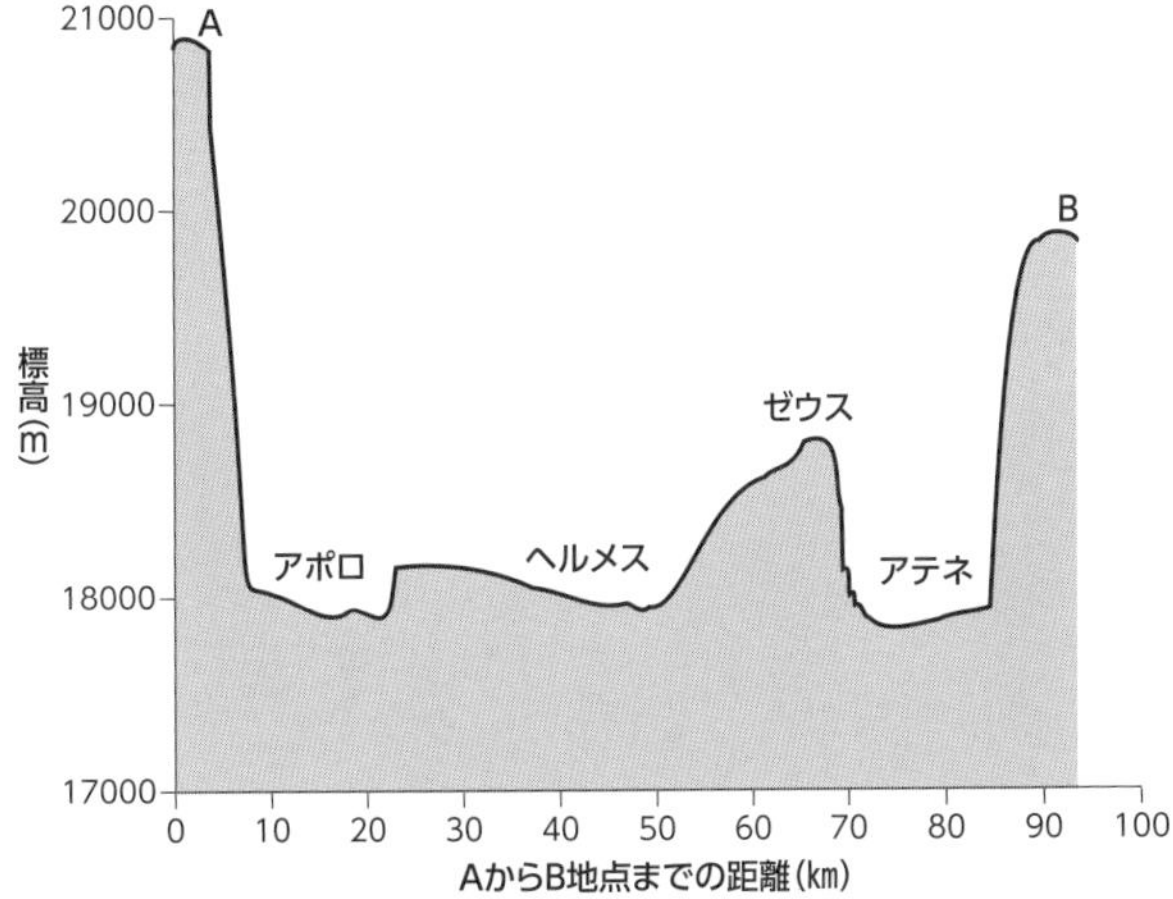

図表3-8　各パテラの標高差

オリンポス山の噴火事情――火山にとって２００万年は長いか短いか

　ここまで見てきたように、オリンポス山には火山活動で形成された面白い地形が数多く存在しています。巨大なカルデラや溶岩チューブと思われる空洞ができたのも噴火の賜物《たまもの》です。しかし、そうなると一つ気になることがあります。それは、オリンポス山はこれから先、再び噴火するのかということです。どうでしょうか。少なくとも、人類が観測を始めてからオリンポス山が噴火したことはありません。また、クレーター年代学を用いた推測によると、オリンポス山で最も新しい場所は山麓のところで紹介した氷河跡の付近ですが、そこも形成されたのはだいたい２００万年前と見積もられています。

　一番新しくできた場所でも２００万年経過しているのだから、直感的には、もうオリンポス山の活動は止まっている気がします。しかし、それはあくまでも人間の時間感覚を基準にした判断に過ぎません。クレーター年代学で見積もった研究によると、オリンポス山の西側山腹には、約38億年も前に形成された場所があることが分かっています。どうやらオリンポス山は、40億年近く噴火を繰り返しながら現在の姿になっていったらしいのです。

ということは、仮にオリンポス山が数百万年、数千万年噴火していないとしても、山にとってそれは休暇程度に過ぎません。オリンポス山のカルデラが形成されたのはおよそ2億～3億年前ですが、この2億～3億年という時間ですら、40歳の人にとって2～3年前が最近なように、オリンポス山にとってはついこのあいだのことなのです。つまり、人間の感覚で長期間噴火していないように見えても、オリンポス山が再び活動し始めるということは十分考えられるのです。

実際、先にも述べましたが、カルデラ形成後もオリンポス山の山体は膨張を続けた、つまりマグマが供給されている可能性が示されています。また、東側の山麓には巨大な地割れが見つかっていて、ここでは現在でも地質活動が起きているのではないかという指摘もあります。もちろん、オリンポス山の内部構造や形成過程については分かっていないことが多いため、今後違う考えが出てくることは大いにありえます。しかし、この「分かっていない」ということこそ、自然を見るときには重要な視点です。本当のところは誰にも分かりません。だからこそ、オリンポス山が将来噴火したとしても、それは不思議なことではないのです。

【コラム5】 汚染には気をつけよう

「惑星保護」という言葉をご存じでしょうか？　文字通り「惑星」を「保護」することを意味するのですが、ここで言う「惑星」は地球であり、地球外天体でもあります。

惑星探査に限らず、人類はその活動領域を拡大すると、新たな土地の生命系・環境を変化させ、ときには不可逆に破壊してきました。反対に、新たな土地から持ち込んだ病原体や生命体によって、これまでなかった疫病が発生したり、在来の動植物の生態系が破壊されたこともあります。本書の目的は地球環境破壊の歴史を語ることではないので、あえて例を挙げませんが、皆さんの中でも思い当たることはたくさんあるでしょう。

そうした教訓からでしょうか。今では「惑星保護」という言葉が示すように、惑星探査においても、地球および調査地の環境を破壊しないためにどうするかが考えられています。

そこで重要だとされているのが、

①探査の対象天体の環境を、地球から持って行ってしまった微生物や生命関連物質から保護すること

②地球の環境を、対象天体から探査機が地球に帰還する際に、持ち帰る地球外生命と生命関連物質から保護すること

の二つです。このような惑星保護の考え方は、国際宇宙空間研究委員会という宇宙科学分野の国際組織において議論され、その国際基準の条約が整備されています。惑星探査を行うには、この惑星保護条約に定められた国際基準を満たす必要があります。

例えば、土星の衛星エンケラドスや木星の衛星エウロパ、そして火星など、地球外生命の存在可能性が高い天体から試料を持ち帰る（サンプルリターン）場合には、最も厳しい基準が課せられていて、滅菌されていない物質の持ち込みは完全に禁止されています。現在、ＮＡＳＡやＥＳＡは火星からのサンプルリターンを計画して

いますが、帰還試料はエボラウイルスや天然痘ウイルスを取り扱うのと同じバイオセーフティーレベル（ＢＳＬ）で保管・管理されることになります。

　日本では、これまで小惑星イトカワ・小惑星リュウグウからのサンプルリターンを成功させ、２０２０年代には火星の衛星フォボスからのサンプルリターンを計画しています（コラム３参照）。小惑星やフォボスには地球環境を汚染するような〝生きた〟生命体がいる可能性は低いと判断され、火星サンプルリターンのような惑星保護基準を満たさなくてよいことになっています。

第4章 火星の極地へ

——水と二酸化炭素の楽園

ここまで、火星を一周しながら、様々な地形を観察してきました。しかし、火星の面白い場所は、まだまだたくさんあります。特に、火星の北極域や南極域にはまだ足を延ばしていません。火星の北極や南極領域には、広大な氷の大地が広がっており、ほかの地域では見られない地形が形成されています。火星というと石や岩しかないようなイメージがありますが、実は火星には氷が大量に存在しているのです。この章では、そんな極域で見られる地形について紹介したいと思います。

北極と南極の氷事情――氷＝H_2Oではありません

火星の北極と南極にある面白い地形には、その形成に氷が関係しているものが多くあります。そこで、まずは極域周遊の前に、その氷について簡単に確認しておきましょう。

火星の両極には氷で覆われた地域、氷冠が広がっています（図表4-1）。「氷」と聞くと思わず水を想像するかもしれませんが、火星で作られる氷には、水の氷（H_2O）と二酸化炭素（CO_2）の氷の2種類があります。

地球でもドライアイスの観察で分かるように、二酸化炭素の氷は火星や地球の気圧下では

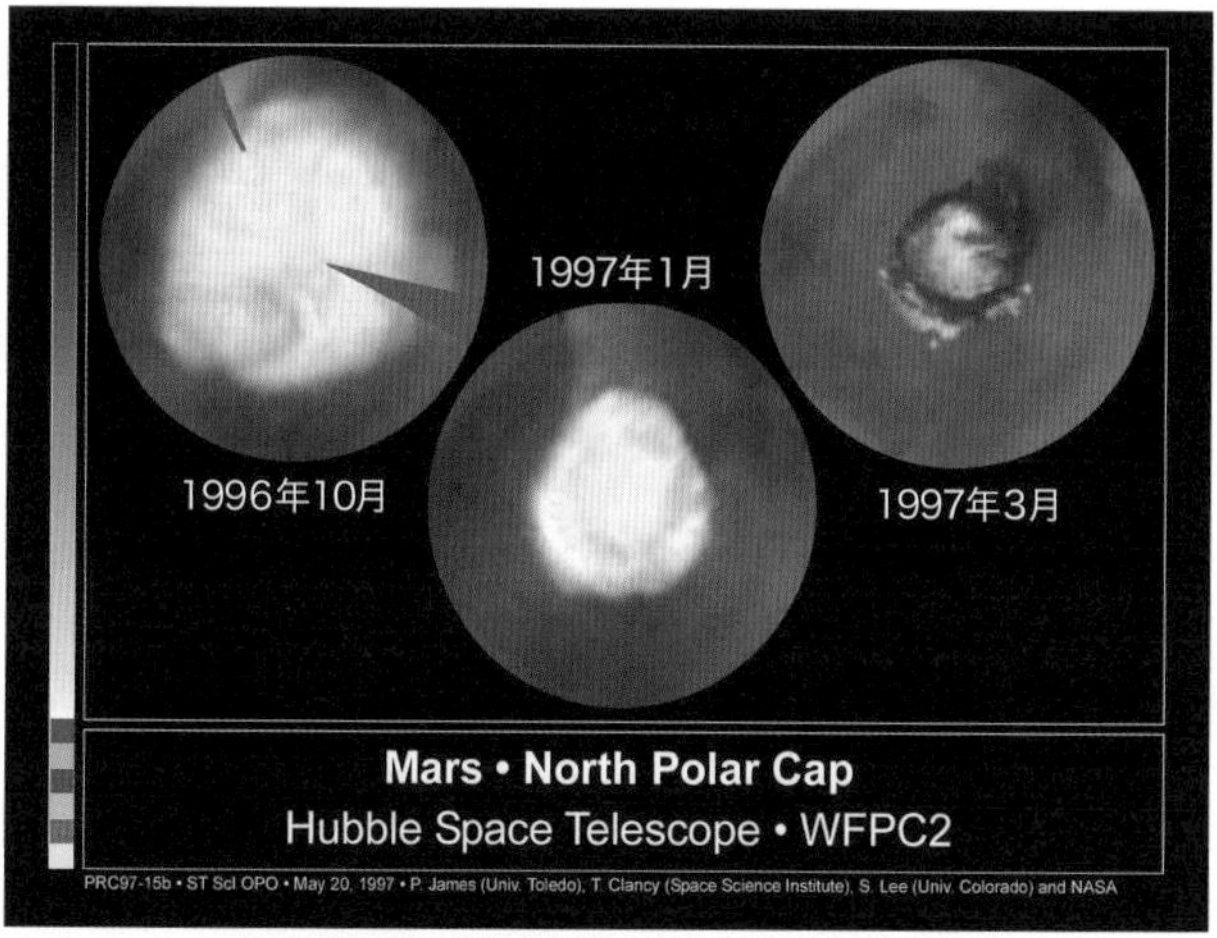

図表４－１　火星の北極域にある氷冠とその季節的な変化
JPL/NASA/STScI（一部、日本語訳に改変）

温度が高くなると、すぐ昇華して気体になってしまいます。そのため、夏になって火星の気温が上がると、表層にある二酸化炭素の氷は昇華し、氷冠は小さくなります。この、夏に氷が消えて地面が露出するエリアは、季節性の氷冠（Seasonal ice cap）と呼ばれます。もちろん、水の氷も昇華はするのですが、そのスピードは二酸化炭素の氷より遅いため、季節性の氷冠を構成するのは、ほとんどが二酸化炭素の氷です。この季節性の氷冠は、昇華して二酸化炭素の気体となることから、大気圧の季節変動にも影響を与えています。

　一方、この季節性の氷冠に対して、一年を通して氷が観測できるエリアは、残留氷

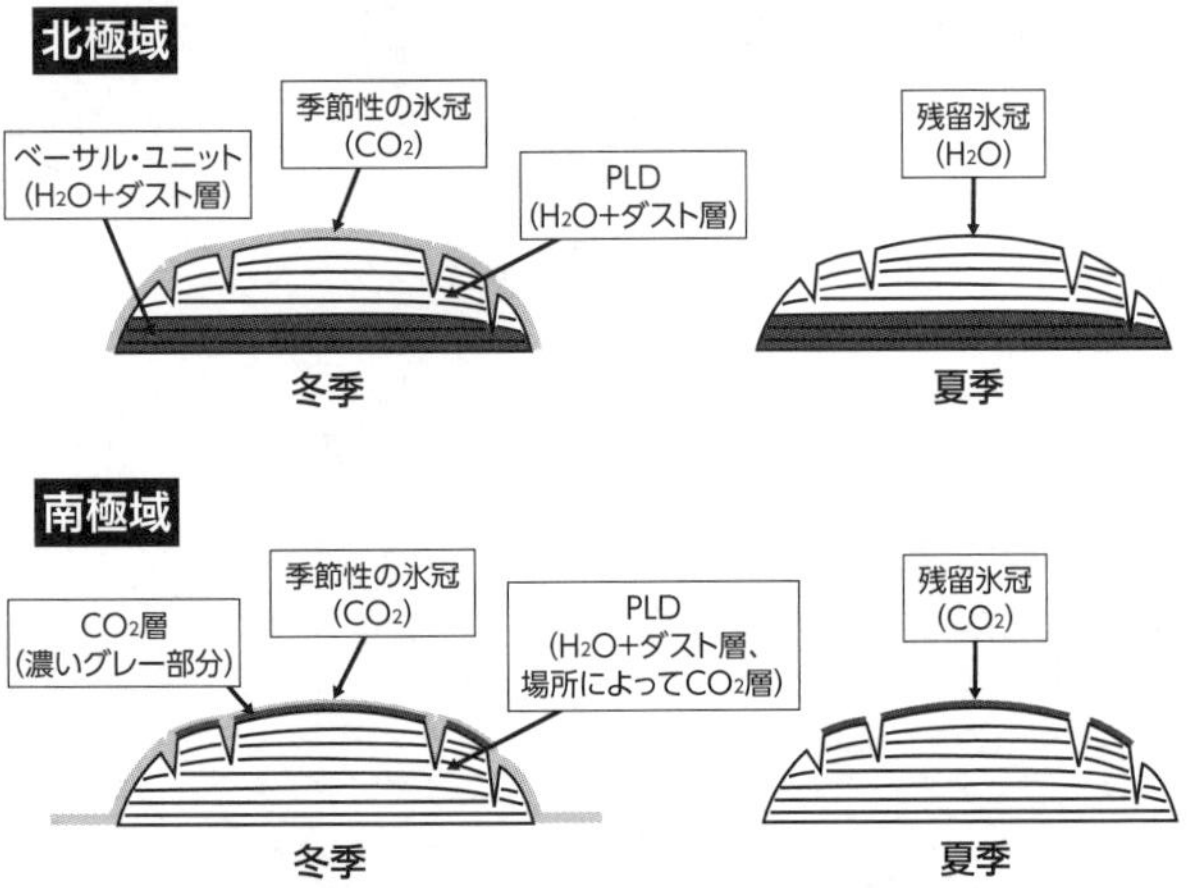

図表４－２　北極域と南極域の氷冠の特徴

冠（Residual ice cap または Permanent ice cap）と呼ばれます。例えば、北極域では夏になると、二酸化炭素の氷は昇華して消えてしまいますが、その下にある水の氷は観測できます。また、南極域では北極域よりも気温が低く、二酸化炭素の氷が夏でも全て昇華せず残ります（図表４－２）。そのため、北極域の残留氷冠が水の氷で構成されているのに対し、南極域の残留氷冠は、厚さ10ｍ程度（場所によっては数メートル）の二酸化炭素の氷が構成物質となっています（氷冠の縁の部分には水の氷が露出している部分もあります）。

一つ注意すべきことは、季節性の氷冠や残留氷冠は、あくまでも地表面の氷、つまり火星の地面を上から眺めたときに氷が観測できるかどうかが焦点となっています。なぜこんなに細かいことをいうかというと、極域の地面の下には、ダストを含んだ広大な氷の層（Polar Layered Deposits ＝ＰＬＤ）があるからです。たとえ、季節性の氷冠の下にこの層が広がっていたとしても、この氷の層がダストや砂で覆われて地表の下にある場合、その上に形成される二酸化炭素の氷が夏に消えたら、そこは季節性の氷冠エリアになります。

　また、残留氷冠の氷は一年を通して観測できるといっても、全く変化がないというわけではありません。１９７０年代から複数の探査機によって行われた南極域の観測によると、残留氷冠の縁には、局所的ではありますが、拡大した場所や、逆に縮小した箇所があることが分かっています。つまり、数年から数十年という長さの時間で見ると、残留氷冠のエリアは微妙に変わっているのです。

　氷の昇華や凝華というのは、温度や風、さらには氷の上に積もったダストの量など、様々な要因に影響されます。そして、地球の場合からも分かるように、気温や風の強さは毎年同じわけではありません。例えば、夏といっても、ある年の夏は暑かったり、逆に涼しい夏の年もあります。同じように、火星の気候も毎年全く同じというわけではないのです。そのため、残留氷冠もそのときどきの条件を複雑に受けつつ存在しています。

北極域――残留氷冠が織り成す奇妙な地形

さあ、ここからは火星の北極と南極に足を踏み入れていきましょう。

北半球の高緯度地域には、火星のほかの場所に比べて一つ際立った特徴があります。この地域では火星を一周するような風が吹いているのです。熱気球の研究チームは、この風をうまく利用すれば、1カ月ほどかけて無着陸で火星を一周できる可能性があると見積もっています。ここではそんな風にも乗ったとして、火星の北極の残留氷冠で見られる特徴的な地形や、その周囲に広がる広大な砂漠地帯を眺めてみましょう。まずは残留氷冠へと向かいます。

極域に現れる〝台風〟

北極域の残留氷冠で最も目につく特徴は、渦巻き状の溝が入っていることです（図表4-3）。この溝は南極域の残留氷冠にも見られますが、北極域の方が渦巻き状の模様がはっきりしています。

残留氷冠が白く見えることも相まって、天気予報で見る台風の雲の形となんだか似ていま

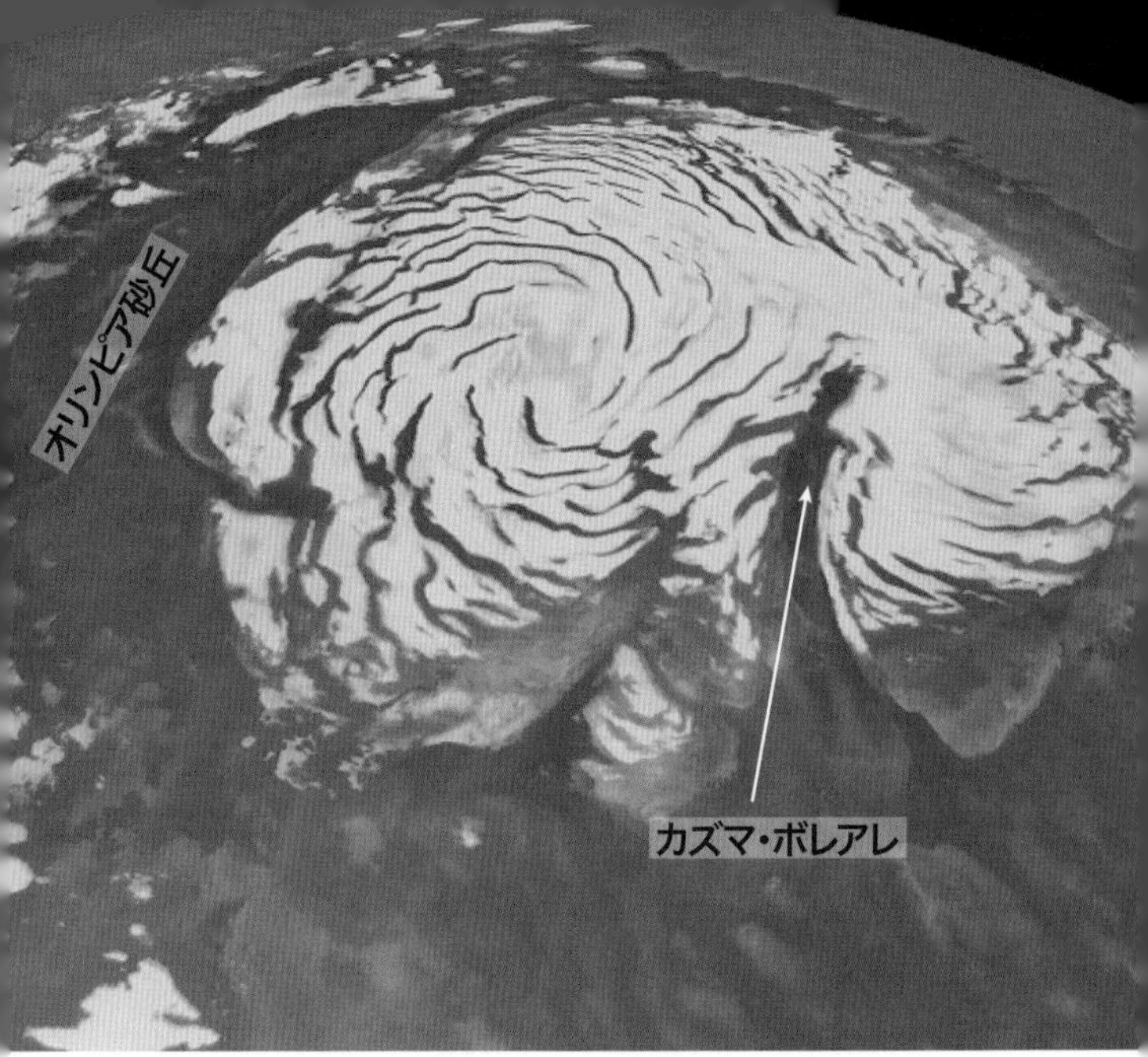

図表4－3　火星の北極域に現れる台風のような模様
NASA/JPL-Caltech/MSSS

す。どうして溝が規則的に渦巻き状になるのでしょうか。その鍵を握るのは「滑降風《かっこうふう》」と「火星の自転」です。

滑降風というのは、空気の密度差と標高差によって吹く風です。標高の高い場所に密度の大きい大気があると、その空気は重力によって標高の低い場所へと流れていきます。このとき、地表に風が流れていきますが、これが滑降風です。

氷冠のある場所は地面に氷の塊が乗っかっているため、氷冠表面が周囲よりも高い場所にあります。また、表面付近の大気は氷冠で冷やされることで、周囲の大気よりも密度が大きくなります。そのため、極付近からは周囲（高緯度から低緯度）へと向かって滑降風が吹くのです。

ただし、滑降風だけでは、割れ目が渦巻き状になる理由は説明できません。もう一つ重要なのが、火星の自転です（物理を勉強した人ならば、コリオリの力と言われた方が分かりやすいかもしれません）。

火星を球体と仮定した場合、緯度が低くなるほど、地表の自転速度は大きくなります。なぜなら、火星が一周自転するとき、それにかかる時間は緯度によらず一定なのに対し、距離は低緯度の方が長くなるからです。また、火星は地球と同じく西から東に向かって、北極を上から見ると反時計回りの方向に自転しています。そのため、低緯度地域の地表は、氷冠（高緯度）から周囲（低緯度）へと吹く滑降風と比べて、相対的に速く東へと回転していきます（図表4‐4）。

ここで、低緯度地域の地表に立って（地表と一緒に回転しながら）風の流れを観察することを想像してみてください。自分たちが風よりも速く東へ動いている（自転している）ということは、高緯度から低緯度に吹く滑降風は南北方向に吹くと同時に、西方向へも流れているように見えます。この西向きへの相対的な速度は、緯度が低くなるほど大きくなります（低

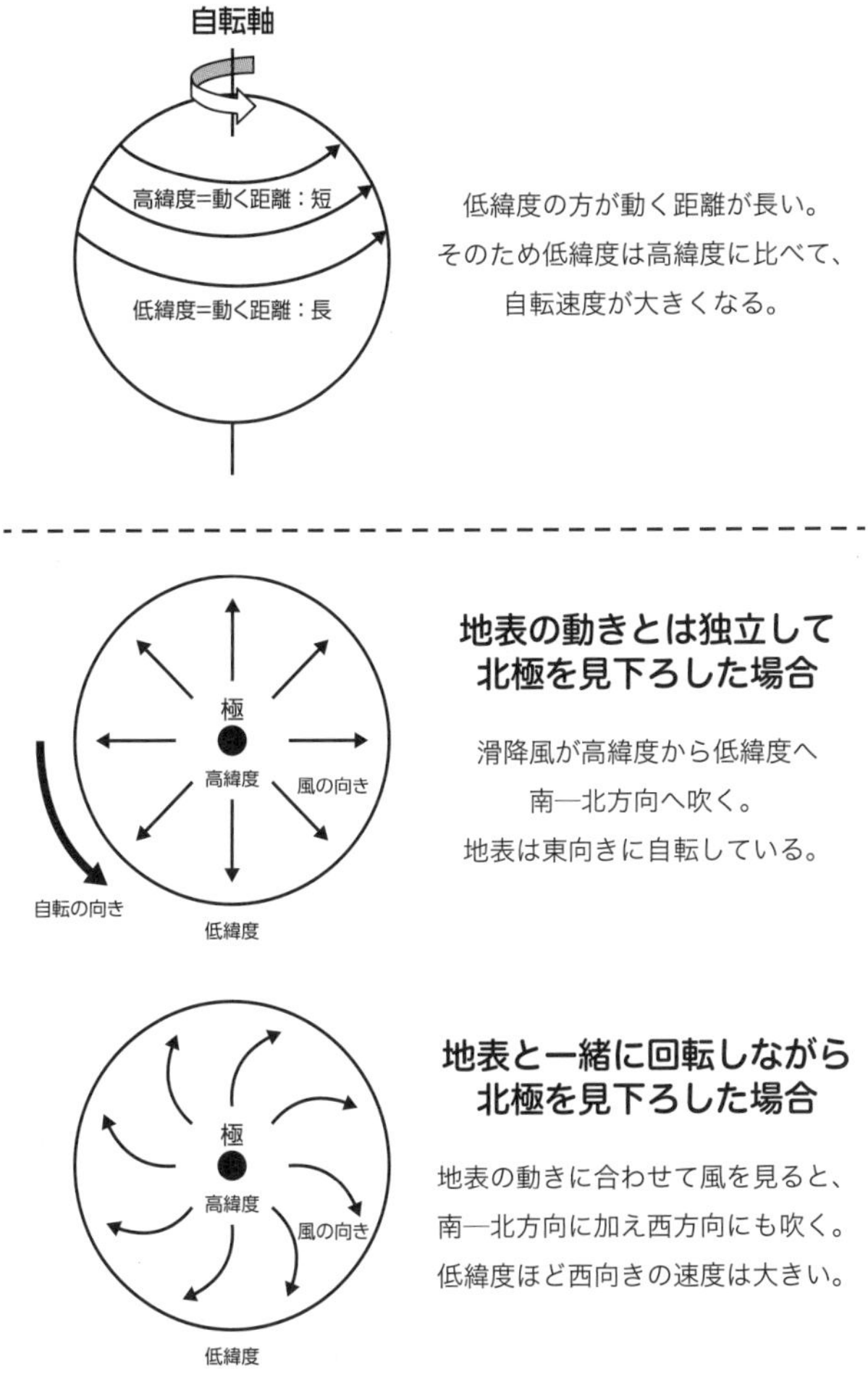

図表４－４　コリオリの力を考慮したときの風向き

緯度の方が地表の自転速度が大きいからです)。そのため、風が低緯度に向かうに従い、徐々に風の向きが西へ西へと曲げられていくのです。

極域の氷に渦巻状の模様ができるのは、この西向きに曲げられる風と垂直に氷に溝ができるためです。詳しい仕組みとして考えられているのは次の通りです(図表4‐5)。氷の地表に小さな窪みや溝があると、下り坂の部分では滑降風が加速されるため、多くの氷が昇華し、水蒸気は風で運ばれていきます。そして、次の盛り上がった起伏に風が流れ着くと、上り坂の部分で風の速度が遅くなり、空気中の水蒸気が凝華、地表に堆積します。これが繰り返されることによって、斜面の起伏はだんだん深くなり、溝に成長していくと考えられています。この溝は風によって少しずつ氷が片側の斜面に運ばれることで、現在も少しずつ位置が動いている(溝が渦を巻いて動いている)と考えられています。

"ミルフィーユアイス"

この渦巻き状の溝にはさらに面白い特徴があります。それは、溝の片側の斜面に異なる色の氷が層状に重なっているのが見て取れるということです(図表4‐6)。これはPLDといって、両極域の氷冠で観測されています。

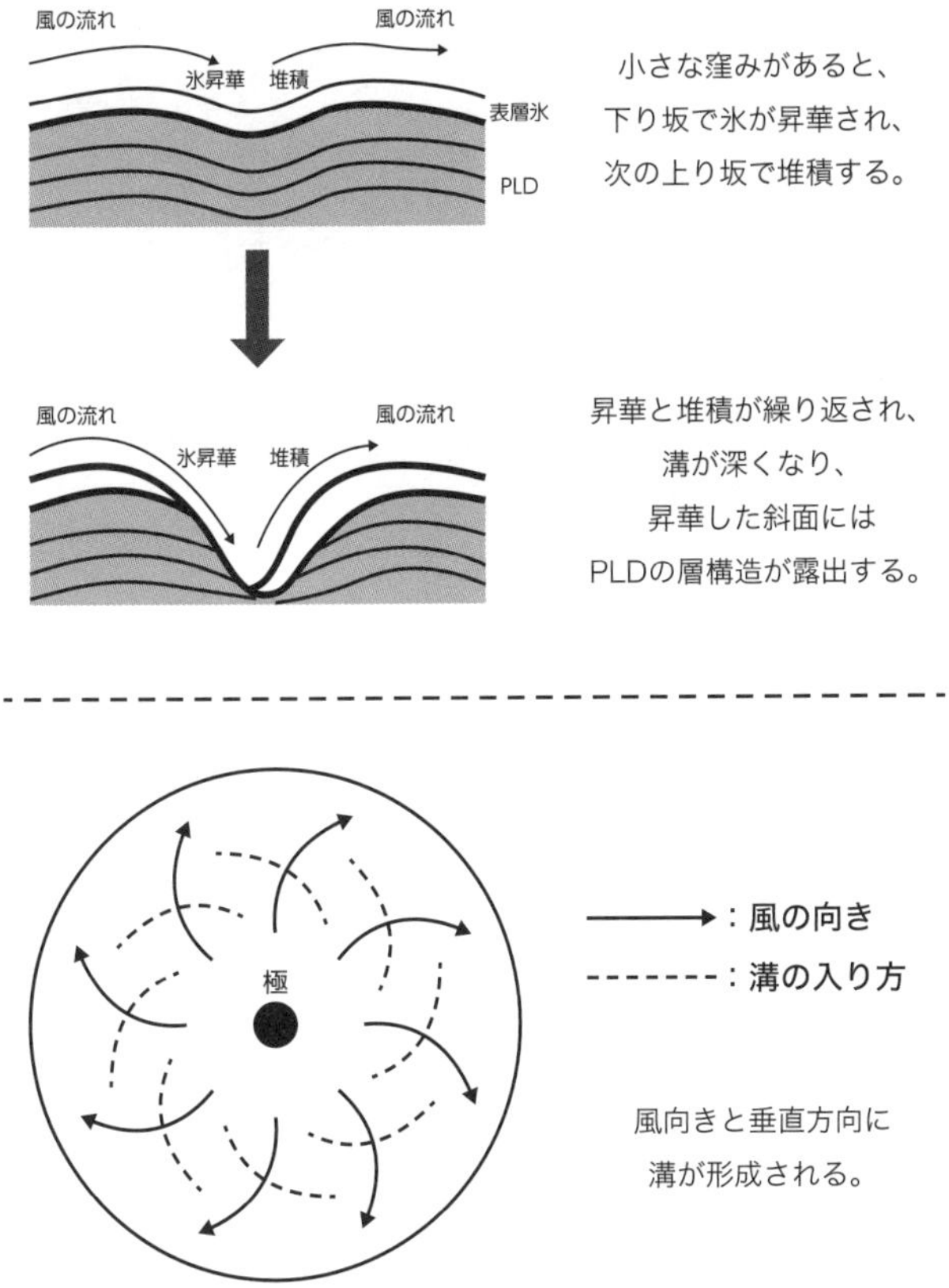

図表4－5　PLDの露出と北極冠に渦模様ができるわけ

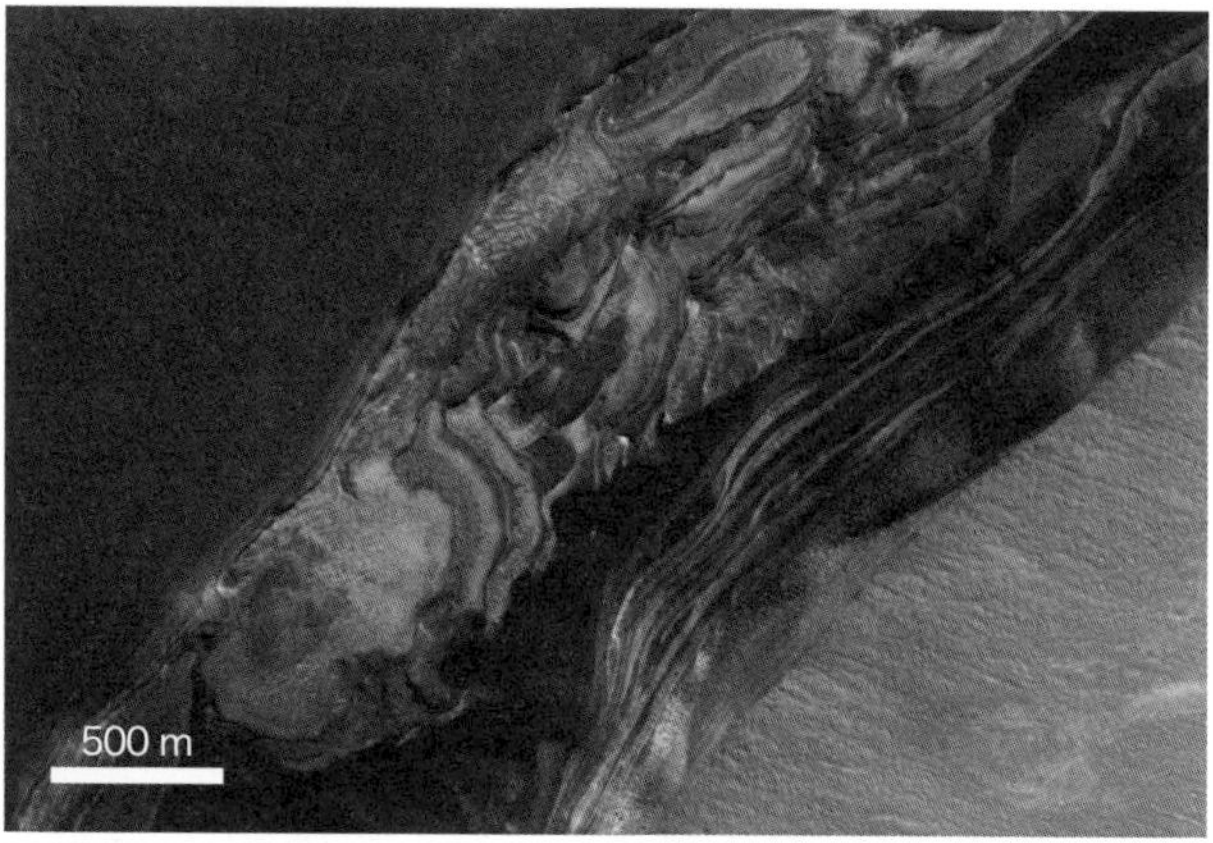

図表4－6　ポーラー・レイヤー・デポジット
HiRISE：PSP_001334_2645　NASA/JPL/University of Arizona

ＰＬＤは溝の壁面のほかにも残留氷冠の周囲で観測されており、残留氷冠の下に広がっている氷によってできています。残留氷冠に深い溝が形成されることで、下にあるＰＬＤが壁面に現れるのです（図表４－５）。そして、先ほど述べたように、溝は滑降風によって風上の壁面の氷が風下の壁面に運ばれることでできるため、片側の斜面でしか層構造は見られなくなっています。

どうしてこのような色の異なる氷の層ができるのかというと、水氷に含まれるダストの割合が異なるためです。ダストを多く含む氷は、純粋な氷に比べて色が暗くなります。例えば、北極域のＰＬＤの場合、体積比で数％ほどのダストが氷に含まれていると見積もられています

（各層の割合を詳細に求めるまでにはいたっていません）。また、南極域ではダストの割合が高く、だいたい十数％だといわれています。

ここでさらなる疑問が浮かばないでしょうか。どうしてダストの割合は異なるのでしょう。それは、おそらく火星の気候が変化したためだと考えられています。

火星に限ったことではありませんが、気候というのは太陽の熱や地形など、そのときどきの様々な要因に左右されます。そのため、火星の気候が過去と現在で大きく異なっていることも、十分にありえるのです。ＰＬＤの場合は、特に自転軸の傾きと公転軌道の変化が大きく影響していると考えられています。オリンポス登山の章でも述べたように、天体力学のシミュレーションによると、過去の火星には今よりも自転軸が大きく傾いていた時期があったと推測されています。また、火星は楕円軌道で太陽の周りを周回していますが、楕円の形状（離心率）は常に一定というわけではありません。こうした火星の公転や自転の周期的な変化は太陽からの日射量に大きな影響を与えるので、結果として気候も変化するのです。

ここまで聞いて、氷に含まれるダストの量の変化にどうしてそこまでこだわるのかと思った人もいるかもしれません。それは、気候の変化によって氷に取り込まれたダストの量が変わるということは、この層状の構造が過去の火星の気候を記録していることになるからです。

木の年輪の間隔（過去の木の成長度合い）が、日照の変化を記録しているのと同じ感じです。つまり、北極域の氷冠は、火星の過去の気候を知るための重要な手がかりとなっているのです。実際、地球ではグリーンランドや南極の氷から過去の気候を推定する試みが行われています。将来、ＰＬＤの層構造を間近に観察できる日が来たら、火星の過去の環境に関して様々な情報が得られるはずです。

カズマ・ボレアレ

ＰＬＤは南極域と北極域の両方にあるのですが、北極域の場合、この下にはさらにベーサル・ユニット（Basal Unit）と呼ばれるより暗い色をした氷の層が存在しています。ベーサル・ユニットは、砂やダストの量がＰＬＤよりも多く、体積比でおよそ30％の玄武岩質のダストや砂が含まれていると見積もられています（ただし、場所によって割合は異なります）。また、レーダーの観測からは、ＰＬＤと同様に層状の構造が見つかっていて、およそ50％という比較的多量の砂を含んだ層が存在しているようです。

ＰＬＤの下にあることからも読み取れるように、このベーサル・ユニットはＰＬＤが堆積する前にできた部分で、氷冠の基盤となっているため、ベーサル・ユニットの局所的な地形は、周りの地形に影響を与えていることがあります。それが最も顕著に現れているのは、カズマ・ボレアレ（Chasma Boreale）という氷冠にできた巨大な割れ目です。

長さ５００km以上、深さ２kmにもおよぶ割れ目、カズマ・ボレアレ。この割れ目ができたメカニズムは、いくつもの説が提案されてきました。レーダーによる地下構造の探査によると、どうやらこの場所にあったベーサル・ユニットが局所的に浸食されて消失したことで溝が形成され、その上に氷が堆積し、風などの影響も相まって深い溝地形になっていったようです。また、ベーサル・ユニットは、次に述べる氷冠周辺の砂漠の地形にも大きな影響をおよぼしています。

北極の砂漠地帯――見間違うほどの砂でできた海

砂というのは不思議な性質を持っています。構成しているのは小さな固体粒子なのですが、この粒子が集団となると、液体であるかのように流れだし、様々な地形が作られていくのです。実際、火星には砂と水の区別がつきにくい地形がたくさんあります。例えば、火星一周ルートでも紹介したように、ＲＳＬという水が流れたような黒い模様は、水が流れた跡だとする説と、砂だとする説との間で論争が続いており、今のところ明確な決着はついていません（81ページ参照）。

また、図表4－7の写真を見てください。下の方に波打ったような地形がありますが、これは海に見えますか、それとも砂地に見えますか。この写真は、キュリオシティという火星探査機がバグノルド砂丘でとらえた1枚で、砂丘という単語から分かるように、波打った地形（リップル）の正体は砂地です。しかし、この写真だけを見せられると、なんとなく水（波模様）のようにも見えてこないでしょうか。

実際に肉眼で見たなら、砂と水の区別は難しくないでしょう。砂に流動性があるといっても、やはり液体とは異なっているからです。動画であったとしても、波模様ならば形が常に変化するので、砂地と

図表4－7　バグノルド砂丘
NASA/JPL-Caltech/MSSS

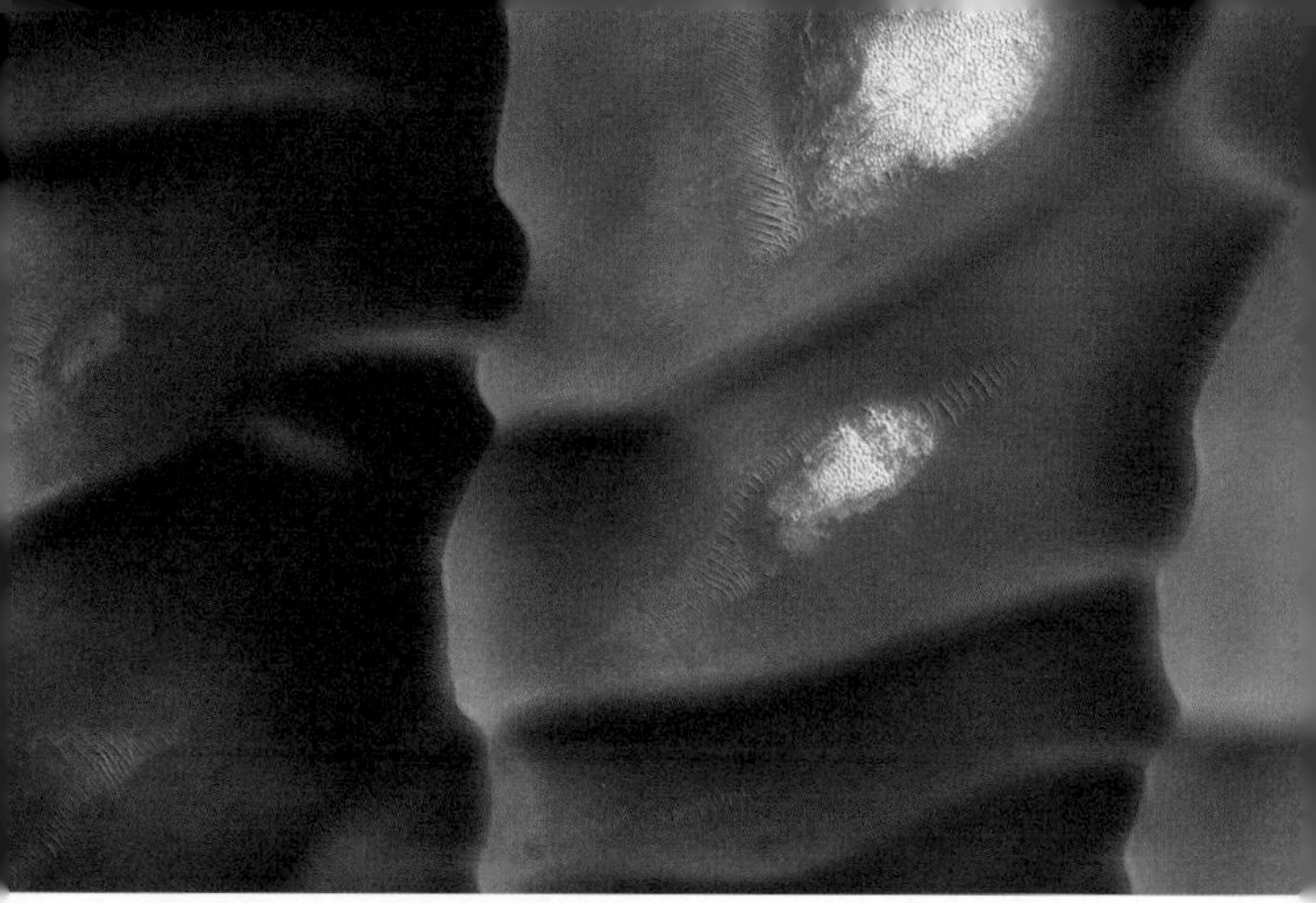

図表4－8　オリンピア砂丘
NASA/JPL-Caltech/Univ. of Arizona

水の区別はできると思います。しかし、写真1枚、つまりある一瞬だけの記録しかない場合は、砂地が非常に海と似て見えることがあるのです（もちろん、色や細かい部分の形など、異なる要素も多々ありますが）。そして、火星の砂漠地帯では、まさに写真では見間違うほどの、海の波のような地形（砂丘）を砂が作っています。

図表4－8はオリンピア砂丘と呼ばれる場所の画像です。バグノルド砂丘よりも大きなサイズの波状の地形ができています。これは横列砂丘と呼ばれる砂丘で、砂地を一方向に風が吹き抜けることで、徐々に全体が波状の模様になっていきます。一方、同じ砂丘と言っても、バルハン砂丘と呼ばれる三日月型の地形ができる場合もあります。この両者の地形の違いは、砂の量が関係しています。

砂の量が比較的少ないと、個々の砂の盛り上がりは独立して風に吹かれることで、バルハン構造になります。対して、大量の砂があると、それらは渾然《こんぜん》となって風の影響を受けるため、波型の形状になります。オリンピア砂丘では横列砂丘がよく見られることから、砂の量が多いようです。

ここまで地形の話をしてきて、なんとも言いづらいのですが、オリンピア砂丘には地形以上に注目したいポイントがあります。それは、この砂丘の砂に石膏《せっこう》（$CaSO_4$・nH_2O）が含まれていることです。石膏は砂漠地帯の全域に広がっていて、特にオリンピア砂丘には、体積比で最大35％にもなるほどの石膏が砂に含まれています。

この石膏がどのように形成され、どのように砂漠の砂に混ざったのかについては、様々な説が提案されてきました。例えば、火山活動によって放出された硫酸がカルシウムを含む鉱物と反応して石膏になったという説や、温暖な気候や隕石衝突といったなんらかの原因で氷冠の氷が溶け出したときに水の中で石膏が形成され、水が干上がって石膏だけが残されたという考えもあります。ただし、石膏は$CaSO_4$・nH_2Oという分子構造を持っていることから、それぞれの説は異なっても、なんらかの形で石膏の形成に水が関わっていることは共通していています。ということは、このあたりには過去に液体の水が存在していた可能性が高いということです。過去の火星に水が豊富に存在していたことは、これまで様々な研究で指摘されてきましたが、この砂丘の石膏も水の惑星であった昔の火星を示している可能性があります。

また、オリンピア砂丘の石膏の割合は、東から西に行くほど低いということが分かっています。その原因は、東側で氷の融解が起き、水が砂地を浸透して広がる過程で石膏が形成されたという説や、東側で石膏が作られたのは同じですが、その石膏が風によって西側に飛ばされたという説などが唱えられています。風の流れをシミュレーションした結果によると、確かにオリンピア砂丘では東から西に向かって風が吹くようです。

ただし、その後の解析によって、オリンピア砂丘ほど割合は高くありませんが、石膏は北極域の全般にわたって広がっていることが分かりました。そこで、解析を行った研究チームは、石膏はもともと氷の中に含まれていて、風によって氷が昇華し消えることで、石膏が残されたという説を提案しています。また、彼らが氷の割れ目の内部にできた砂丘を調べたところ、石膏を含んだ砂丘は、ベーサル・ユニットにまで到達している深い割れ目にできていることが分かりました。そのため、ベーサル・ユニットに含まれている砂や石膏が砂丘の供給源である可能性が高いとも結論づけています。

南極域――二酸化炭素が作る愉快な地形

ここからは、北極域の真反対にある南極域に足を向けてみましょう。

南極域の残留氷冠は北極域に比べて面積は小さいですが、その構造はもちろん、構成物質にいたっては北極域以上に複雑となっています。例えば、北極域の残留氷冠はダストの割合こそ異なるものの、どの層も水（H_2O）の氷が主な構成物質なのは同じです。一方、南極域は、表面が厚さ10ｍ程度の二酸化炭素の氷で、レーダーによる観測では、その下に水の氷と二酸化炭素の氷が交互に積み重なった場所が存在すると分かっています。

この二酸化炭素の氷は、一つの層の厚さが数百メートルで、水氷の層の厚さも数十メートルはあります。レーダー観測の解析を行った研究によれば、この数十メートルの水氷の層のおかげで、その下にある二酸化炭素の氷が昇華して消えずに済んだようです。より深くなると、最終的には厚さ３５００ｍほどにもなる水の氷が主要な構成物質になっています。どうして二酸化炭素の氷が堆積したのかについては、やはりほかの場所と同様に、自転軸の傾きが周期的に変化したことが原因だと考えられています。

南極域では、この二酸化炭素の氷が原因となって、北極域には見られない面白い地形が形成されています。こちらも一つずつ追いかけていきましょう。

スイスチーズ地形

人間というのは面白い生き物で、見慣れないものを見たとき、その姿を身近な別の何かに関連させて解釈する傾向があります。それは地球外の地形に関しても例外ではありません。最も代表的なものは、「月のうさぎ」でしょう。日本を含むアジアの地域では、昔から月の黒い部分の模様を「うさぎ」の形にたとえてきました。

この模様は、いわゆる月の「海」と呼ばれるエリアで、玄武岩質の溶岩が堆積したことで形成されたのですが、これを「うさぎ」とみなす文化は非常に古くからあります。例えば、インドでは、およそ２５００年前に書かれたとされるブラーフマナ文献に、月にはうさぎがいるといったことが述べられており、中国では、紀元前2世紀に絹の上に描かれた絵に、月と一緒にうさぎが描かれています。日本では飛鳥時代（7世紀）の工芸品や刺繍に、月のうさぎを見ることができます。

もちろん現在では、文字通り「月にうさぎがいる」と考える人はいないでしょう。しかし、月が詳しく探査され、その正体が明らかとなった今でも、月のうさぎは私たちにとって月を身近な存在にしてくれています。そして、地形を何かにたとえるという営みは、現代の惑星科学においても行われているのです。

生き物の例でいうと、エンケラドスという土星の衛星は、水蒸気を宇宙空間に放出していることが知られていますが、水蒸気が噴出する大きな氷の割れ目は、虎縞（Tiger stripes）と呼ばれるように、虎の模様にたとえられています（実際、論文でもTiger stripesと書かれます）。ほかにも、冥王星表面にはクジラの形をした黒い模様があったり、小惑星イトカワの形状がラッコの姿にたとえられたり。科学者といっても人間であることに変わりはありませんので、複雑な形は言葉で説明するよりも、身近なものでたとえた方が伝わりやすい（何より面白くなる）のでしょう。そして、火星の極域にも、そんなたとえが用いられた面白い地形があります。

図表４‐９は南極の残留氷冠を上空から撮影したものです。滑らかな表面に丸い穴がいくつも開いているのが分かるはずです。この地形は、形状が似ていることから「スイスチーズ地形」と呼ばれています。

スイスチーズ地形の形成は二酸化炭素の氷が大きく関係しています。この地形には滑らか

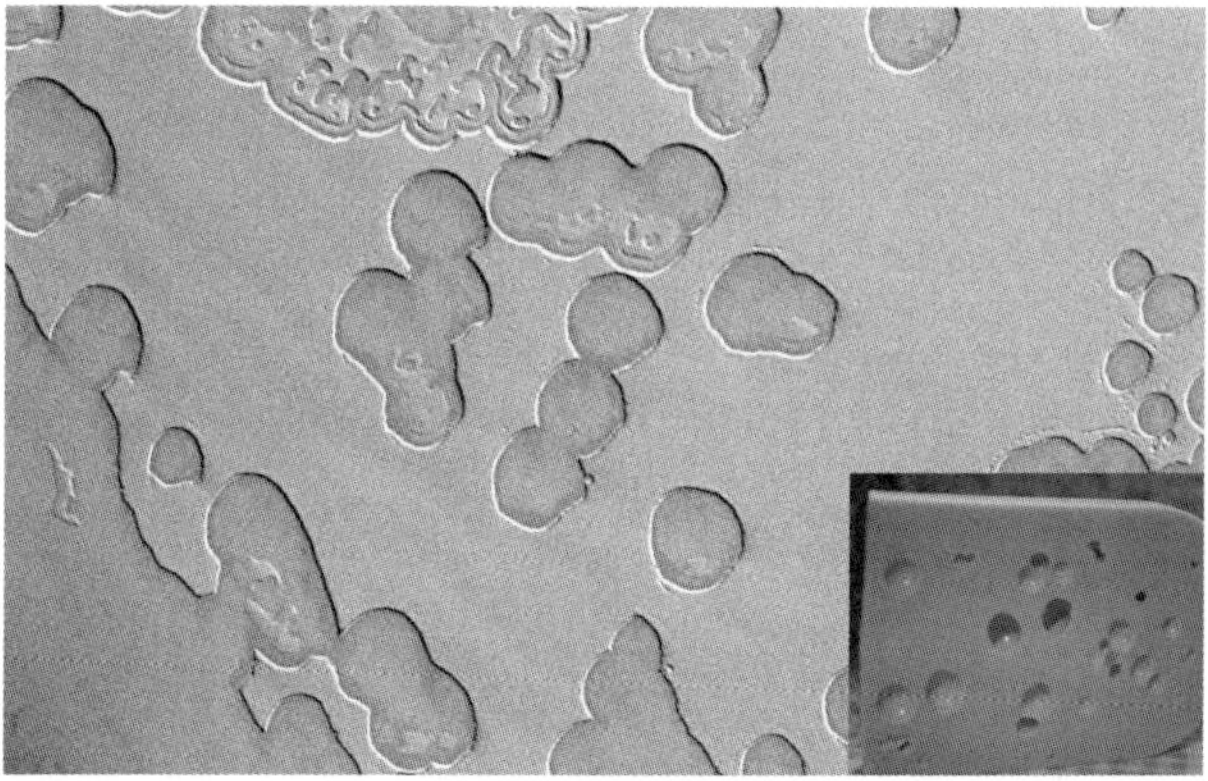

図表４－９　火星のスイスチーズ地形と実際のスイスチーズ
NASA/JPL/MSSS

な地表に穴が開いていますが、滑らかな部分は二酸化炭素の氷です。画像解析によって、この氷は2～10ｍほどの厚さであることが分かっています。どうやら、この二酸化炭素の氷が、ところどころ昇華して表面が窪むことで、この不思議な模様ができあがっているようです。

面白いことに、スイスチーズ地形は今でも成長しています。残留氷冠は夏でも消失しない氷冠エリアを指すと説明しましたが、どこも全く変化しないわけではないのです。スイスチーズ地形の窪みは、場所によって異なりますが、1年（といってもこれは火星の1年で、地球のおよそ2年分に相当します）で6ｍほど、直径が大きくなっています。つまり、残留氷冠のうち、スイスチーズ地形のあるエリアでは、二酸化炭素の氷でできた窪みの壁面が、火星時間の1年で3ｍほど後退しているのです。

このように、二酸化炭素の氷が昇華することで、名前の通りの模様ができるのが、火星のスイスチーズ地形ですが、実は、本物のスイスチーズの穴ができるのにも二酸化炭素が関与していることが、研究者たちによって突き止められています。彼らの研究によると、スイスチーズの穴は、熟成の際にバクテリアによって作られた二酸化炭素が原因となっているらしく、このとき、ほんの僅か干し草の粒子が牛乳に混ざっていると、それを核として牛乳内の二酸化炭素が集まり、肉眼で見えるサイズの穴に成長するようです（Guggisberg et al. 2015）。なぜ干し草が重要かというと、彼らの報告によれば、干し草の繊維には非常に小さな空隙があり、そこに含まれた空気が牛乳内の二酸化炭素を集める核としての働きをするとのことです。実験では、90Ｌの牛乳に1㎎の干し草の粒子が混ざると、チーズにできる穴の数が急激に増加したと報告されています。

もちろんチーズの穴の形成には、核の存在以外にも、温度や塩分濃度といった様々な要因が複雑に関わってくるようです。ですが、チーズの穴とチーズ（のような）地形の両方に二酸化炭素が関わっているのは面白い話です。ただし、チーズの穴は二酸化炭素が集まることでできるのに対し、スイスチーズ地形の穴は、二酸化炭素の氷が昇華してなくなることで形

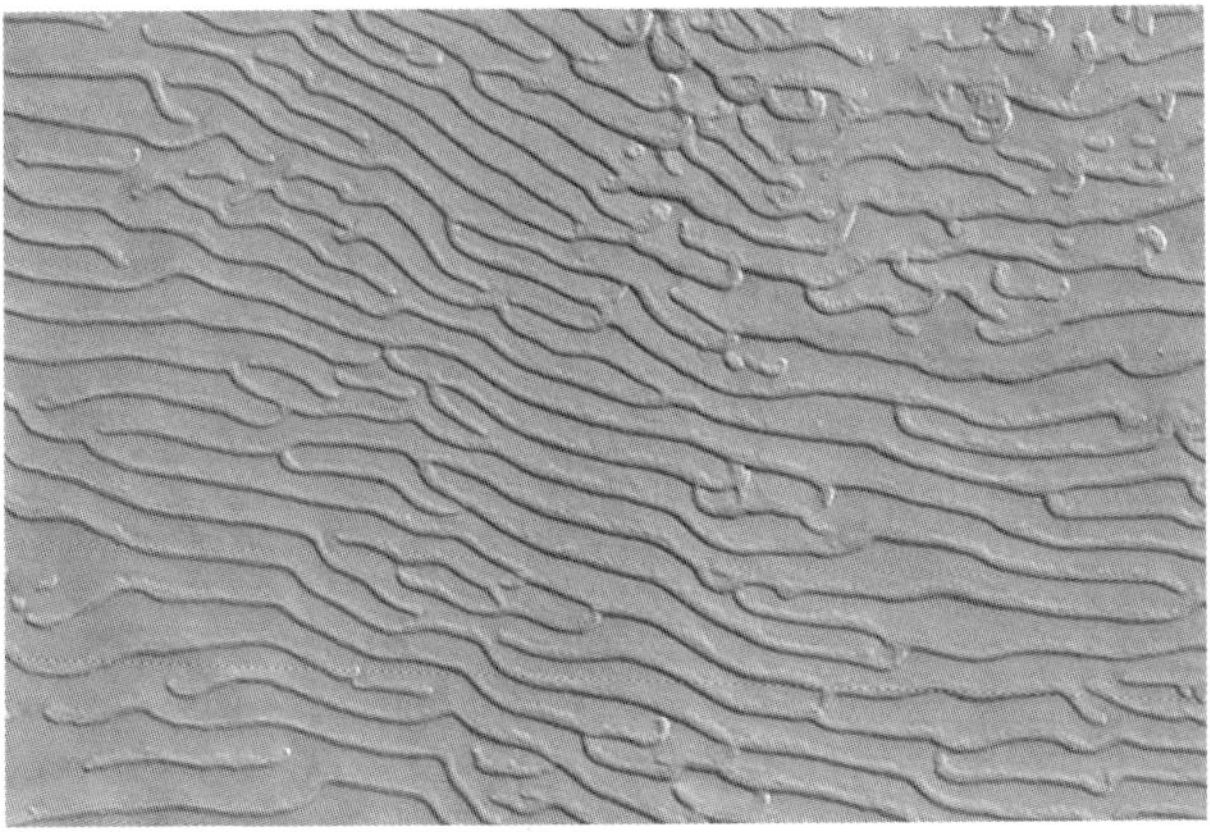

図表４-10　フィンガープリント地形
NASA/JPL/MSSS

成されています。

フィンガープリント地形

南極域の残留氷冠には、スイスチーズ地形と並んでもう一つ面白い地形が見られます。それが図表４-10の地形です。氷の表面に、細長い溝状の窪みがたくさん並んでいます。この地形はフィンガープリント（指紋）地形と呼ばれています。まさに人の指の指紋に見えますし、複雑でゴールになかなか辿り着けない迷路のようにも見えます。

フィンガープリント地形は、スイスチーズ地形と形状が大きく異なります。しかし、この地形の形成メカニズムもまた、二酸化炭素でできた氷の昇華が大きく影響していると考えられて

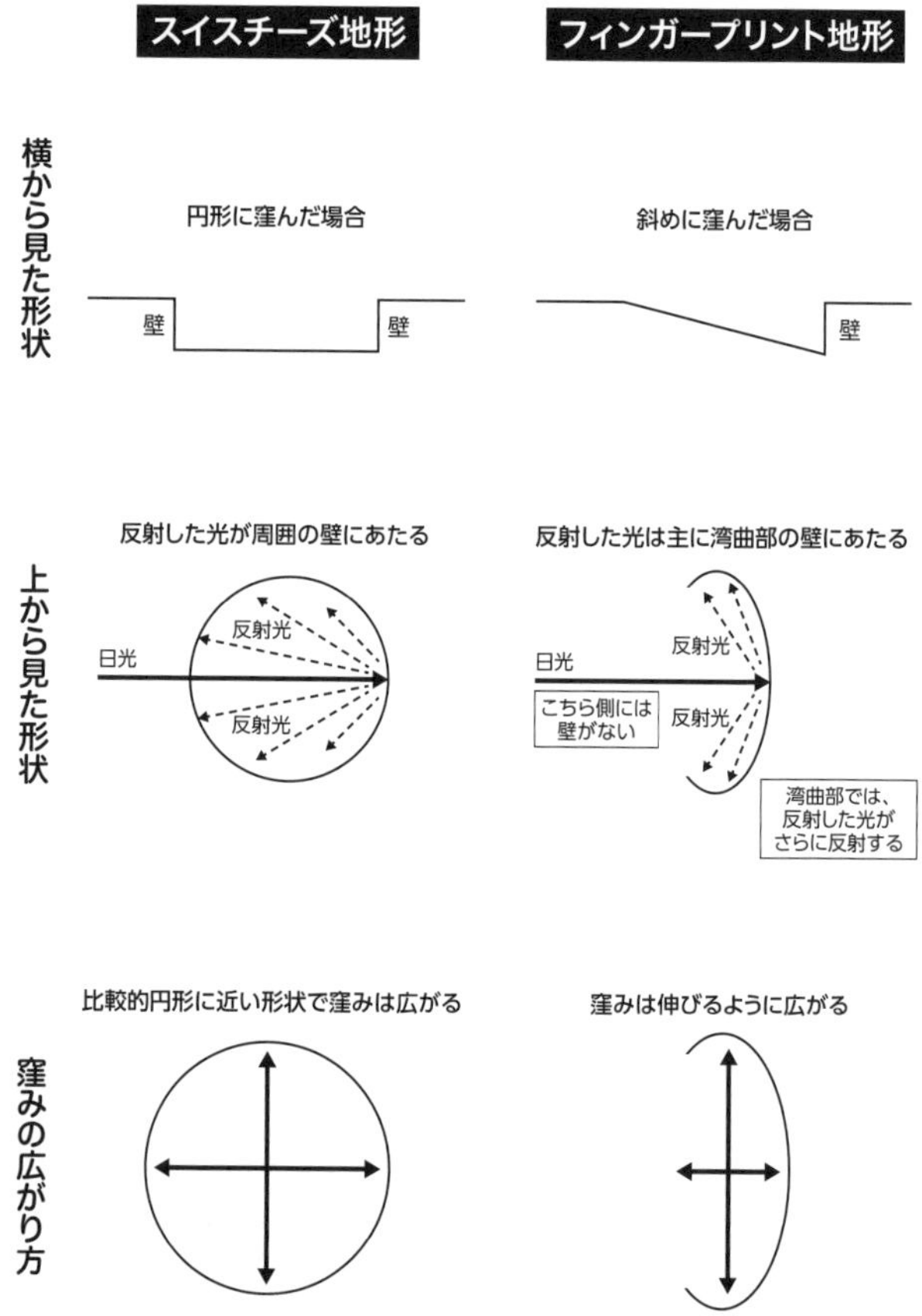

図表4－11　僅かな違いで〝チーズ〟と〝指紋〟に分かれる

Buhler et al. (2017)をもとに作成。

います（図表4－11）。

残留氷冠では、二酸化炭素の氷が昇華することで、小さな窪みができるのですが、このとき、窪みの壁面が比較的均等に昇華した場合、穴は円形に大きくなっていきます。しかし、壁面が斜面になっていたり、表面が粗かったりして、片側だけが集中的に昇華した場合、窪みは円ではなく、三日月型に広がっていきます。このとき、三日月の窪みの左右は大きく湾曲しており、光が散乱しやすく、昇華の速度がほかの部分より速くなります。そうすると、三日月型の窪みは横に引き伸ばされるように広がり、徐々にまっすぐに。最終的にできた直線状の窪みがフィンガープリント地形を形作っていると考えられています。

このように氷の昇華は、日射の角度はもちろん、氷の表面のでこぼこ具合や風の様子など、様々な要因の影響を受けています。だからこそ、同じ昇華という現象でも、それらの要因が複雑に絡み合って、スイスチーズのように比較的円形の穴からフィンガープリントのような直線上の溝まで、興味深い地形が火星では作られているのです。

マーズ・スパイダー

スイスチーズ地形とフィンガープリント地形は残留氷冠上に形成される地形でした。これ

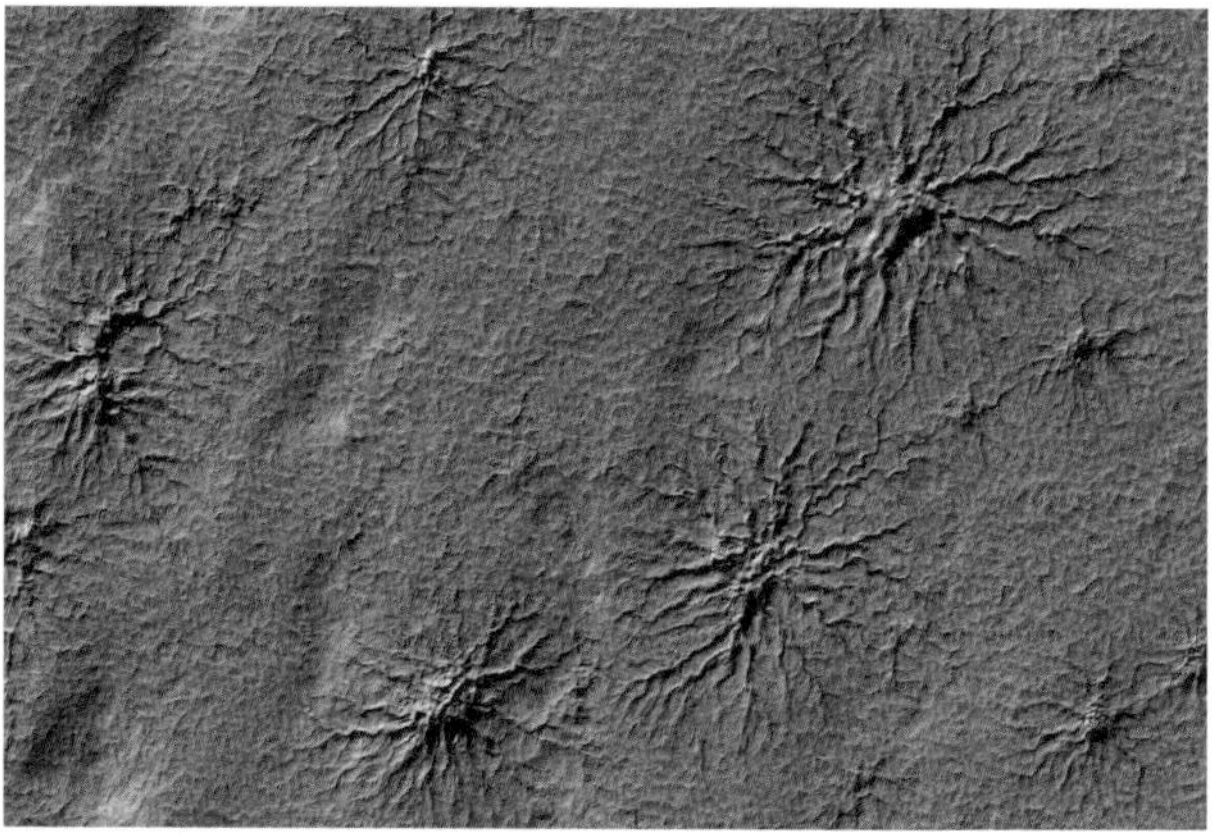

図表4-12　火星のスパイダー
NASA/JPL-Caltech/University of Arizona

らの地形は、奇妙な地形に見えたはずです。しかし、南極域の奇妙な地形はこれだけではありません。残留氷冠の周囲にある季節性の（夏になると消えてしまう）氷冠にも目を見張るような地形があります。

図表4-12を見てください。地表に、一点を中心として放射状に広がる割れ目がいくつも見てとれると思います。この形、何かに見えないでしょうか。あの胴体から8本の足を伸ばした生き物。そう、蜘蛛です。この地形はスパイダーと呼ばれています。

一つ一つのスパイダーは、サイズが50～数百メートルまで様々です。大小いくつものスパイダーが集まると、大量の蜘蛛が行進しているかのように見えてきます。はたして、この奇怪な地形はどのようにできたのでしょうか。

その謎を解く鍵は季節性の氷冠の性質にあります（図表4－13）。

冬になると、南極域の大地には厚さ1mほどの二酸化炭素の氷が張ります。この氷には二酸化炭素以外にもダストが含まれているのですが、太陽の光に照らされると、この微粒子は光を吸収して温度が上がり、粒子の周りにある二酸化炭素の氷が昇華します（粒子の周囲が気体になる）。すると、微粒子は自身の重みで少しずつ氷の下へと落下。二酸化炭素の氷は徐々に不純物が取り除かれて透明度が上がり、太陽の光を透過しやすくなります。

二酸化炭素の氷が光を透過しやすくなると次は何が起こるでしょうか。ポイントは氷の層の下にある地表にまで太陽の光が届くことです。光が届けば地表は暖められて隣接する氷が昇華します。すると、地面と氷の間には気体の二酸化炭素が溜まるようになります。さらに昇華が続くと、どんどん気体は溜まって地表と氷の間の圧力は高くなっていきます。

このとき、氷に弱い部分があると、気体の圧力で氷は割れてしまいます。下に溜まっていた気体の二酸化炭素も割れ目からジェットのように噴射。つられて下の地面の一部も巻き上げられてしまいます。もちろん、1回のジェットで巻き上げられる砂の量は多くはありません。ですが、何年にもわたって少しずつ地面がえぐられると、だんだん削られた面積も大き

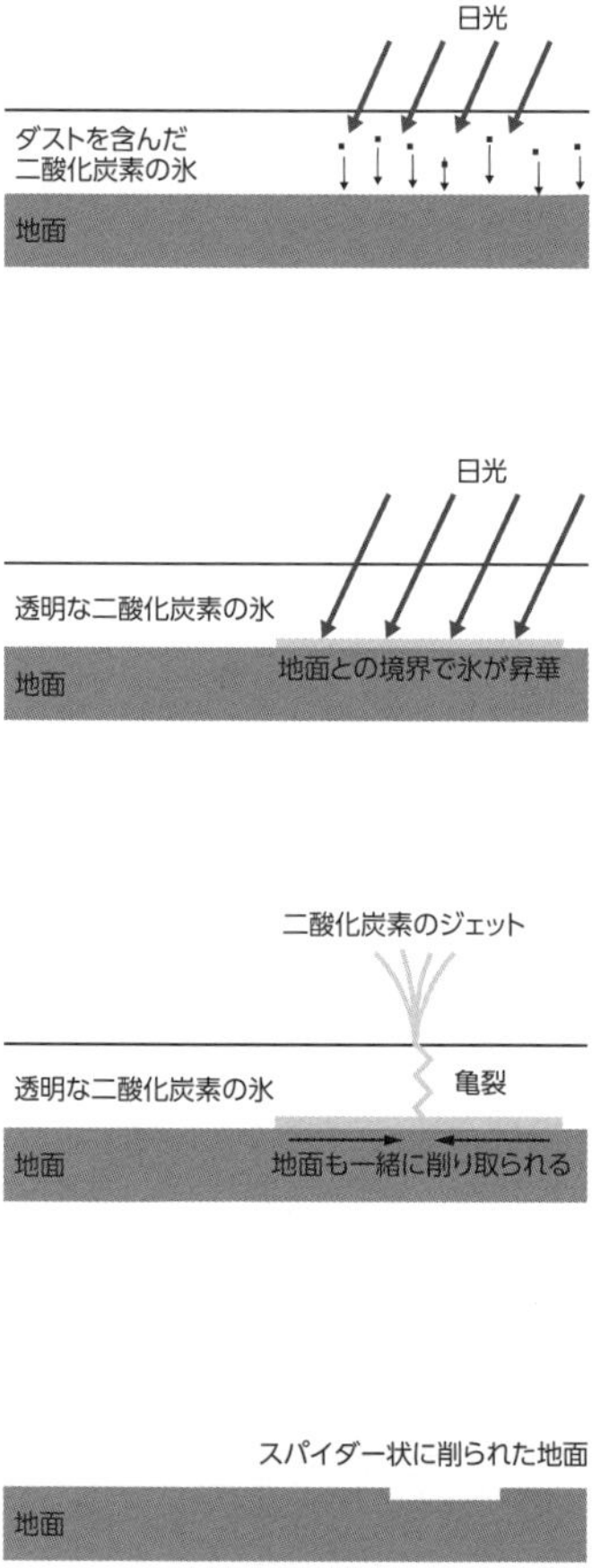

1．ダスト粒子が日光を吸収。温度が上がって、周囲の氷（CO_2）は昇華し、粒子が下に落ちる。

2．透明な氷（CO_2）が日光を透過。下の地面が光を吸収し、地面と接する氷も昇華。

3．氷（CO_2）が昇華して圧力が上昇。氷に亀裂が入り、隙間からジェットが噴き出す勢いで地面の一部も削られる。

4．春から夏にかけて氷（CO_2）が消えると、下の削られた地面（スパイダー）が現れる。

図表4-13　スパイダー地形ができる理由

くなり、結果、ついには観測されているような放射状の地形ができると考えられています。ただし、それには疑問も残ります。というのも、スパイダー地形のある地域は、夏になると二酸化炭素の氷は完全になくなってしまうのです。だからこそ、我々は地面の模様を観察できるのですが、問題なのは、長い年月をかけてスパイダー地形ができるとすると、二酸化炭素のジェットは毎年同じ場所、少なくとも近いところから噴き出す必要があるのです。

ジェットの噴出は必ずしもスパイダー地形の中心のみで起こっているわけではなく、枝分かれした部分から噴出することもあります。ですが、ジェットが毎年同じような場所で発生していることに変わりはありません。夏には二酸化炭素の氷が消えてしまうのに、どうして毎年冬になって新しい氷が張ると、ほとんど同じ場所でジェットが噴き出すのでしょうか。

一つの説としては、地形の影響により、ジェットが噴き出した場所は、次の年に新しく氷が張っても、昇華した二酸化炭素が溜まりやすいのではないか、というものがあります。

スパイダーの中心付近は、ジェットが噴き出したことで地面が削られて凹んでいます。そのため、次の年に氷が覆っても、昇華した気体は中心付近の凹んだところに流れやすくなっているのかもしれません。そうだとすれば、毎年同じような場所でジェットが噴き出すことはありえそうです。

スパイダー地形の形成メカニズムは、全てが完全に分かっているわけではありません。例えば、地面に傾斜があると、スパイダー地形はできないようです。スパイダーの形成には、どうやら地面の性質（細かな傾斜や砂の固着度合いなど）がかなり重要そうです。ほかに、どのような条件がどのようにスパイダー地形に影響を与えるのかについても、さらなる研究が必要な状況となっています。

南極の地底湖——マイナス70℃の液体は湖か水溜まりか

火星一周ルートでは気球に乗って空から火星の面白い地形を巡りました。そのため、火星の地下についてはあまり取り上げてこなかったのですが、南極域の地下には、どうしても外せない場所が一つあります。それは、氷の下にある湖です。

２０１２年から２０１５年にかけて、周回探査機マーズ・エクスプレスに搭載されたＭＡＲＳＩＳという測器が、東経１９３度、南緯81度を中心に、幅２００㎞にわたるエリアのレーダー観測を行いました。ここは季節性の氷冠があるエリアで、ＰＬＤ（ダストを含む氷の層）が堆積している場所です。

観測データを解析したところ、深さ約１・５㎞の地点に、レーダーに強く反射する面が見つかりました。研究チームは、二酸化炭素の氷など、様々な可能性を検討してみたのですが、その結果、この反射面は液体の水で作られたものであるという結論にいたったのです。

極域の氷の下に液体の水があるという考え自体は、30年ほど前からありましたが、今までその証拠が観測されたことはありませんでした。ＭＡＲＳＩＳによる観測は初めてその証拠をつかんだのです。その後、２０１０年から２０１９年にかけて得られた新しいデータも解析したところ、最初に見つかった水の層の周囲に、別の水のエリアがあることも分かりました。どうやら、南極域の地底湖は、富士五湖やアメリカの五大湖のように、いくつもの湖が散らばってできているようです。

ただし、水の溜まったエリアがどのようにして形成されたのか、どうして液体の水が維持されているのかについては、まだまだ研究段階で、明確な答えは得られていません。例えば、先ほどから「湖」という言葉を使って説明していますが、一般的に、湖は窪んだ地面に水が溜まっている状態を指します。一方で、水があるエリアの周囲は地形がはっきりとは確定しておらず、この地下の水は湖と呼べるものではないかもしれません。実際に、地熱などのなんらかの原因で溶けた氷が、周囲の氷（固体の水）に囲まれることで、その場に溜まっているのだとする意見も出されています。

また、水が液体の状態で存在する理由にしても、はっきりとしたことは分かっていません。観測された湖は、底の温度がマイナス70℃程度だと見積もられています。湖の水が純粋な水ならば、この温度ではすぐさま凍ってしまい、液体の状態ではいられません。そのため、水には、融点を下げる働きをするなんらかの物質が混ざっているはずです。最初に湖の存在を発表した研究チームは、最も可能性が高いものとして、過塩素酸塩を挙げています（Orosei et al. 2018）。

過塩素酸塩が水に含まれていると、融点がマイナス73℃くらいにまで下がるので、観測された場所でも水は液体として存在できます。しかし、それで問題が解決されたかというとそうではなく、仮に過塩素酸塩が含まれていても、まず氷を溶かすのに異常な大きさの地熱が必要であるという研究報告があります。他方で、過塩素酸塩を含んだ水が過冷却状態になれば、マイナス１２３℃でも液体でいられるため、そこまで大きな地熱は必要ないという意見もあったりします。要は、どうしてこの場所に湖らしき液体の水があるのかという疑問に答えるためには、さらに多くの観測や研究が必要な状況なのです。今後も研究が進めば、この湖について多くのことが分かってくるでしょう。

【コラム6】 International Mars Ice Mapper

第４章で紹介してきたように、火星の極域では氷が見つかっていて、氷が織り成す地形も存在しています。皆さんの想像以上に、火星の極域には氷が存在していたのではないかと思います。

一方、ここで一つの疑問が浮かびませんか。極域とは別に、火星のほかの場所に氷は存在していないのでしょうか。

図表Ｃ６‐１は現在の火星における氷の分布可能性を示したマップです。菱形で示したのは崖に露出している氷が認められた場所、丸は最近形成されたクレーターによる掘削で氷が露出している場所です。クレーターについては南北両緯度35度以上が調査対象である点にご注意ください。カラーコンターで示しているのは、地下レーダーや周氷河地形などから算出した、地下０～１ｍの深さにおける氷存在指標です。

これらを見ると、緯度40度以下の中緯度域でも氷が見つかっていることが分かる

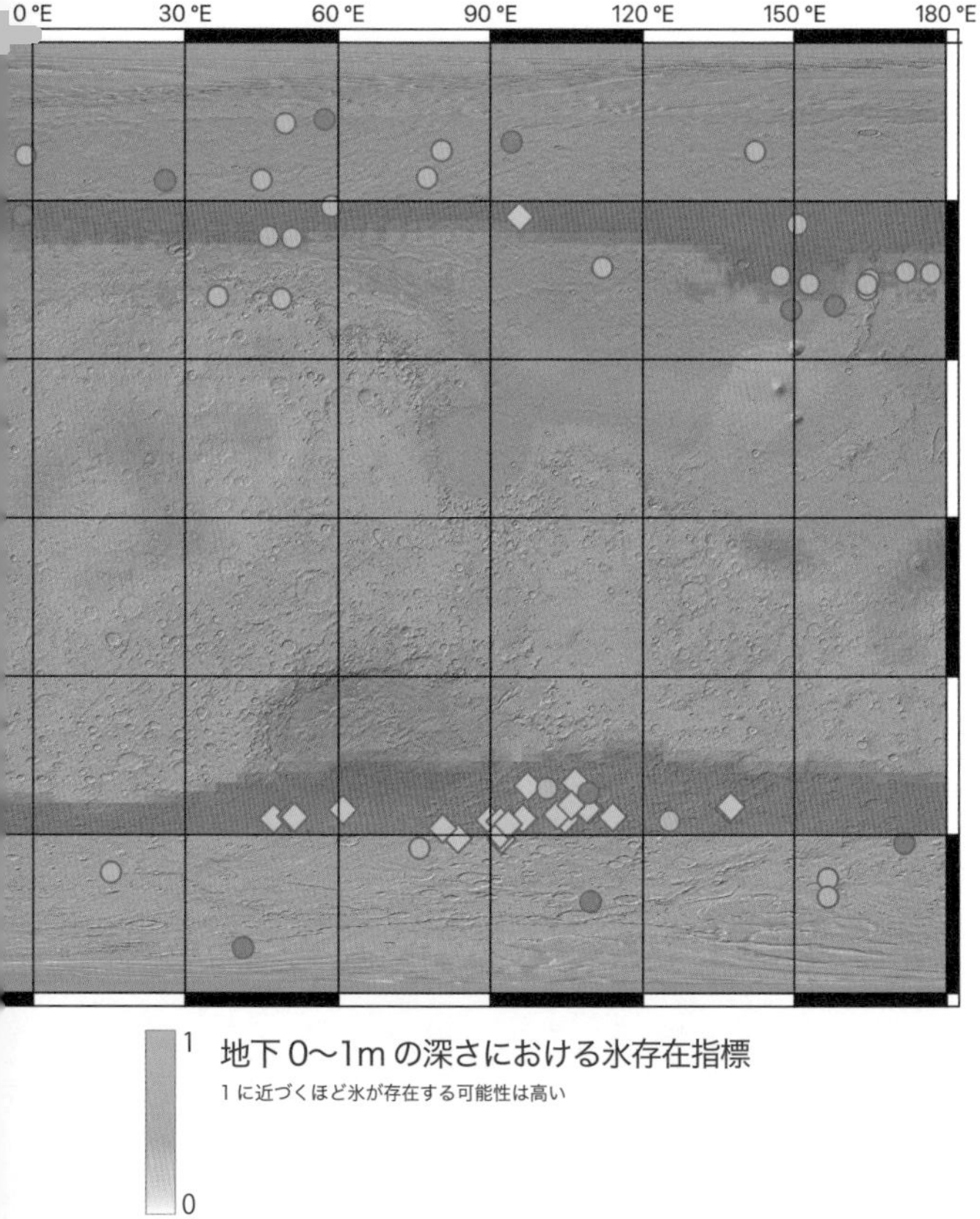
0 °E
30 °E
60 °E
90 °E
120 °E
150 °E
180 °E
1
0
地下 0〜1m の深さにおける氷存在指標
1 に近づくほど氷が存在する可能性は高い

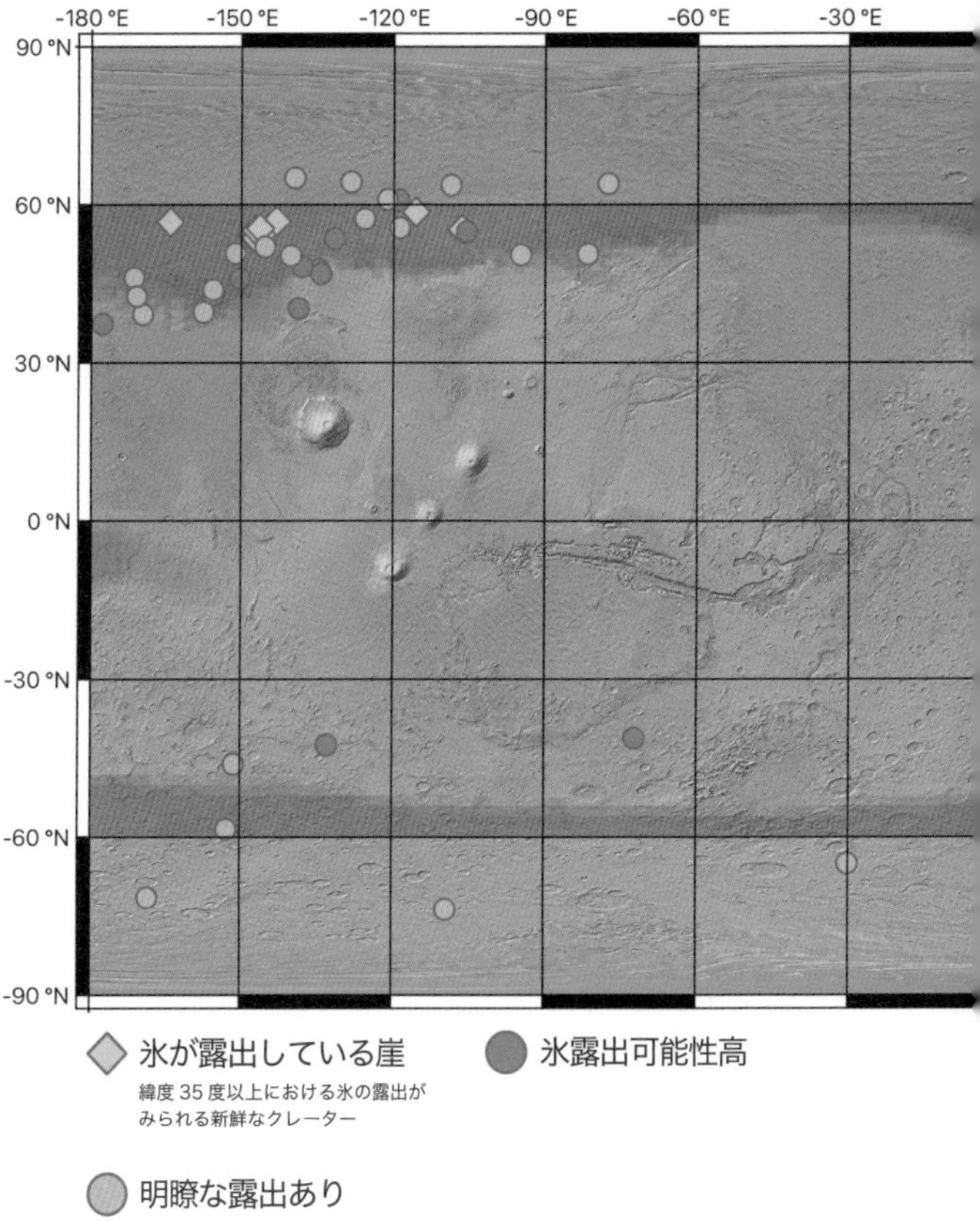

図表C６－１　火星における氷存在指標マップ

と思います。また、低緯度の場所でも地下の浅いところに氷が存在する可能性が示唆されています。このように、火星表面だけでなく地下にも着目すれば、氷は極域だけでなく中緯度や低緯度にもあるのではないかと考えられています。

そこで現在、火星の地下にある氷の分布を知るための探査が検討されています。その名も「マーズ・アイス・マッパー（International Mars Ice Mapper）計画」です。

計画は、単に地下の氷の分布を知ることが目的ではありません。最も重要な目的は、将来の火星有人探査のために、その場で利用できる水を探すことです。そこで、宇宙飛行士が利用できそうな、せいぜい10ｍよりも浅い地下氷に焦点を絞って探査計画が練られています。

マーズ・アイス・マッパー計画の検討にはＪＡＸＡも主要な機関として参加しています。かつてシルクロードが砂漠のオアシスを結んで描かれたように、将来の火星旅行では、マーズ・アイス・マッパー計画で作られた地下氷分布図をもとにルートマップが描かれるかもしれません。

第5章 待ちきれない人へ

——地球上の火星アナログサイト

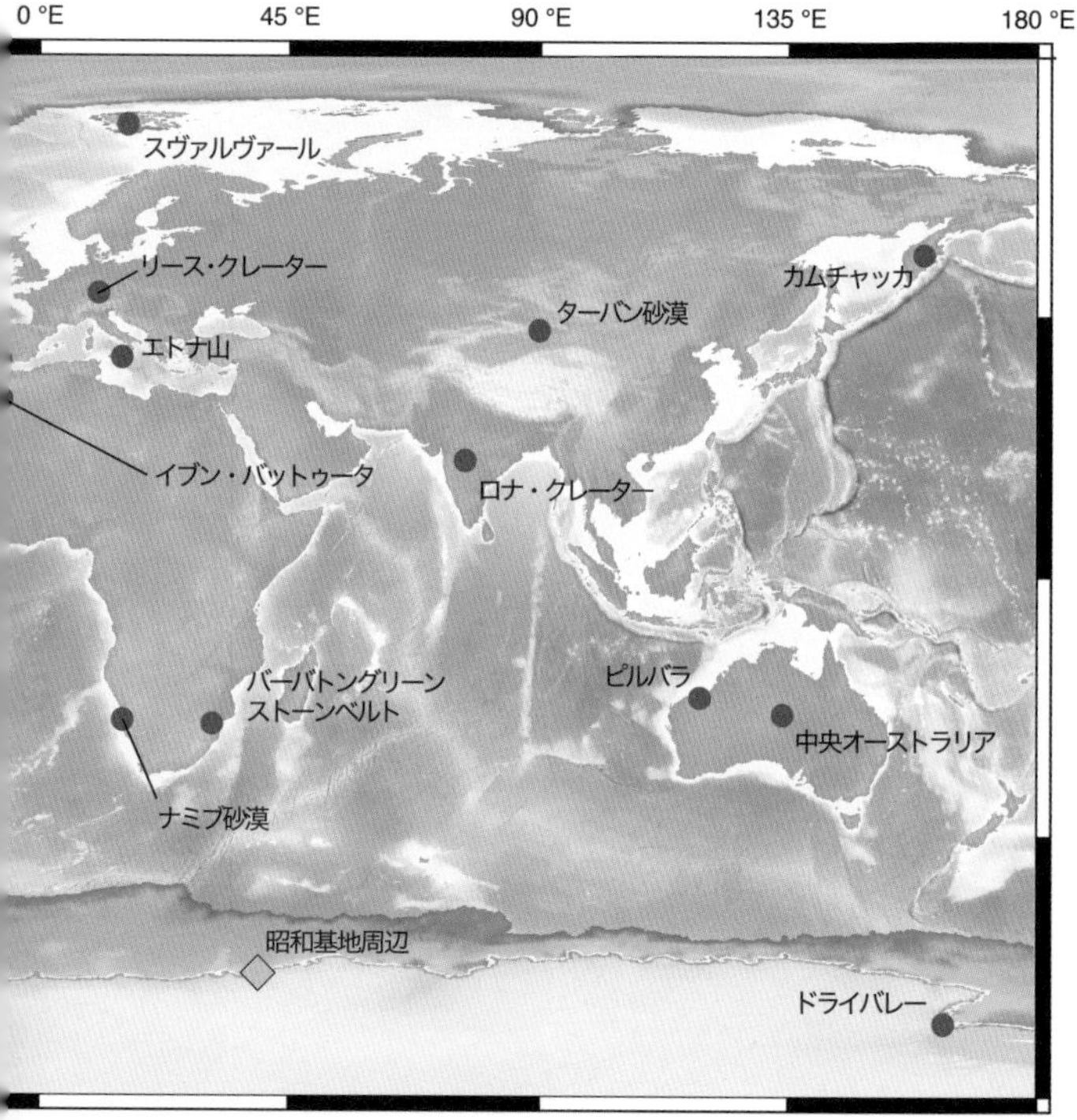

● 地球の火星アナログサイト

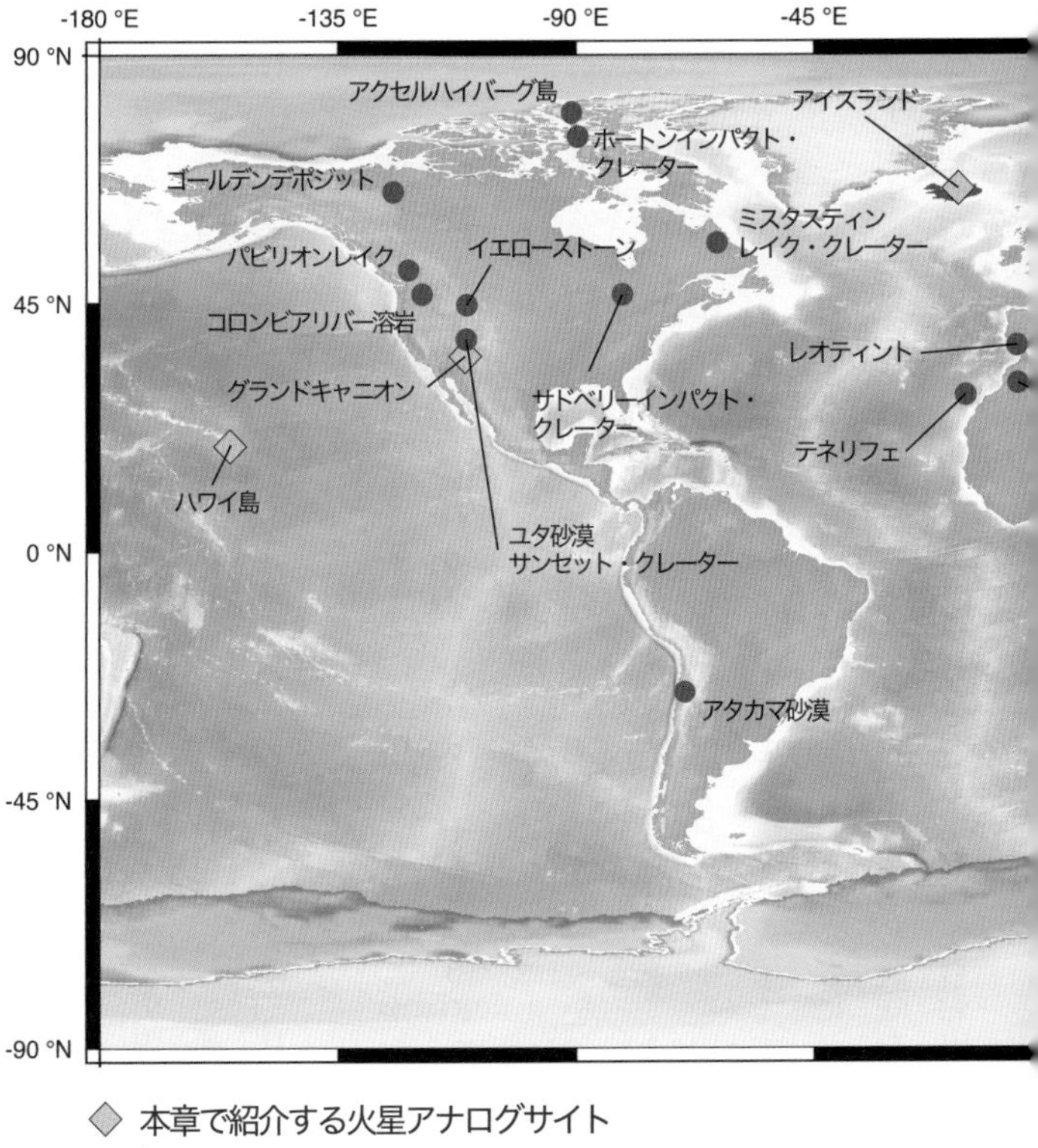

図表5－1　地球の火星アナログサイトマップ

本書ではここまで火星の名所を紹介しましたが、荒涼とした風景とその巨大なスケールに「地球とは全然違うな」と思われた人もいるのではないでしょうか。実際に行くのが待ち遠しくなった人もいると思います。ただ、「プロローグ」でもお話しした通り、本当の意味で火星旅行へ行くのは、いくつもの課題をクリアしなければならず、すぐに火星へと足を運ぶことはできません。

「生きている間には行けないかも」と思った人もいるでしょうか。しかし、悲観することはありません。地球上には火星に似た場所、火星アナログサイトというのがいくつもあります。図表5－1に、その火星アナログサイトの分布を示しました。示しているのはほんの一例で、地球上には実に数多くの〝火星〟があります。つまり、地球には火星を〝体験〟できる場所がたくさんあるのです。

そこで、待ちきれない人のために、ここからは火星アナログサイトをいくつか紹介します。全てを紹介することは難しく、また、あくまで本書のテーマは火星です。そのため、ここで取り上げるのは、著者たちが今までに行ったことのあるフィールドにしたいと思います。また、内容は個人的主観や経験に偏った部分もありますので、もし興味を持って行かれる際は、現地の最新情報や行ったことのある人の意見なども入手してからお出かけください。

アイスランド――ルートレスコーンの聖地

第2章で紹介したアマゾニス平原やエリシウム平原では、広大な溶岩原を見ることができました。地球上でも同じような溶岩原を見ることはできるでしょうか。

粘性の低い溶岩によって形成された平坦な大地はハワイ島などで見られ、第2章で何度も紹介した溶岩チューブも存在しています。が、寒く乾燥した気候で、植物がほとんどなく、ルートレスコーンがあるという観点では、地球上でアイスランドが火星の溶岩原に最も近いでしょう。

アイスランドにはいくつかルートレスコーンフィールドがあります。これは地球上では極めて珍しく、さらに、アイスランドほど発達したルートレスコーンフィールドは本当に稀で、最近ケニアで一カ所見つかったという程度です。念のため、ルートレスコーンがなんだったかおさらいすると、これは、溶岩が水を含んだ地層を覆った後に起こる爆発でできる地形でした（第2章参照）。

それでは早速、火星アナログサイトを体感するために、アイスランドへ行ってみましょう。

図表5－2　氷河に削られてできたU字谷

アイスランドはギリギリ北極圏に入らない位置にある、北欧の火山島です。どのくらいギリギリかというと、本島最北端から石を思いっきり投げたところくらいからが北極圏といわれるくらいです。名前からしてかなり寒い国だと思われるかもしれませんが、実際は沖合に流れている北大西洋海流のおかげで緯度のわりに暖かい気候となっています。もちろん、内陸部には氷河がありますし、ところどころにU字谷といった氷河地形があったりもするので、その名の通りの〝アイスランド〟も体感することができます（図表5－2）。

アイスランドはとにかく火山活動が活発です。本書を書いている２０２１年９月にも溶岩を噴き出す噴火が続いていました。

図表５－３　アイスランドの苔むした溶岩原

火山活動が活発な理由は、プレートが作り出されるプレート発散境界（中央海嶺）と、地下深くからマントルが上昇してくる特異的な場所（ホットスポット）が重なっていることです。プレート境界は裂け目（ギャオ）となって地表に現れており、アイスランドのいたるところで目にすることができます。

日本からアイスランドへ行くには、コペンハーゲンやイギリスを経由します。多くの場合はアイスランド航空を利用するはずですが、そのときは、機体に注目することをおすすめします。アイスランド航空の機体にはそれぞれ火山の名前がつけられているのです。皆さんの乗る〝火山〟がなんなのか、搭乗される際はぜひチェックしてみてください。国際線が就航するケプラビーク空港から首都のレイキャビクまでの道のりには、左右に苔むした溶岩原も広がっています（図表５

図表5－4　ヴィンドヴェルギャルフィヤットルから眺めるミーヴァトン湖

‐３）。アイスランドに来た喜びがふつふつと湧いてくる瞬間です。

　ルートレスコーンに話を戻しましょう。アイスランドでは高温の低粘性溶岩と水が接触する環境が豊富にあるためか、多くのルートレスコーンフィールドが見られます。最も新しいものは、１７８３～１７８４年のラキ火山噴火で形成されたものです。ただ、ラキ火山へは途中で川を渡る危険な旅路を歩まなければならず、行ける時期は水量の少ない時期に限られます。実際に、渡河中の事故で亡くなられた人もおり、ほかに未舗装地を長時間運転することにもなるので、行くにはハードルの高いアナログサイトと言えます。

　というわけで、ここでは比較的行きやすいミーヴァトン湖をご紹介します。ミーヴァトン湖はア

図表5－5　ルートレスコーンが多いミーヴァトン湖のほとり

イスランドの北の都市、アークレイイリから車で2〜3時間ほどの場所にある、一周50kmほどの美しい湖です（図表5－4）。

ミーヴァトンというのは、アイスランド語で「蚊（ミー）の湖（ヴァトン）」という意味です。その名が示す通り、夏場の湖には大量の蚊が発生し、幸にして刺さないタイプではあるのですが、蚊柱となってたかってくると極めて不愉快です。手で払ってもお構いなしについてきて、間違って鼻に吸い込んでしまった日にはもう最悪で……。行く際には頭にかぶる蚊避けネットを忘れないようにしてください。

蚊の話はこれくらいにしておきましょう。湖につくと、周辺に多くのルートレスコーンを見つけることができます（図表5－5）。湖南の整備された場所では、コーンの上に登ることも可能です。ぜひ登ってコーンの大きさを実感してみてください。時間があれば、湖の北西にあるヴィンドヴェルギャルフィヤットル（Vindvelgjarfjall）への登山もおすすめです。ここからはルートレスコーンも含めて湖を一望することができます（図表5-4）。

山頂から観察すると、ルートレスコーンは小さいものから大きいものまで、形も様々であることが分かります。中には第2章で紹介した二重になっているコーンも（図表5-6）。こうした違いは、溶岩と含水層の接触条件などが微妙に異なることで生み出されたと考えられますが、詳しいことはまだ分かっていません。ご自身の目で見た際は、それがどのようにしてできたのかぜひ想像してみてください。

ルートレスコーンのほかにも、ミーヴァトン湖の周辺には溶岩トンネルなど多くの溶岩地形を観察することができます。遊歩道も整備されていて、散策しながらお気に入りの火山地形を探してみるのもよいでしょう。湖の東にあるギャオでは、なんと足湯に入ることもできます（図表5-7）。かなり熱いですが、ハイキングで足が疲れたらぜひ試してみてください。

最後はとっておきのルートレスコーンを紹介しましょう。図表5-8を見てください。これは自然ではなかなか見られないコーンのきれいな断面図です。

この断面があるのは、レイキャビクの近郊にある、以前は採石場だったルートレスコーン

図表5・6　二重になっているルートレスコーン

図表5・7　温泉の湧くギャオ

図表5・8　ラウズホラーで見られるルートレスコーンの断面図

フィールド（ラウズホラー）です。というのも、ルートレスコーンは砕かれた岩石で構成されているので、アイスランドでは採石の対象として利用されてきました。例えば、ここで採れた岩石は付近のレイキャビク空港の建設資材として使われたようです。現在、この採石跡地は保存されていて、こうしたルートレスコーンのきれいな断面を観察することができます。

ハワイ――溶岩トンネルの中を歩く

ハワイ島の火山活動は、火星と同様に低粘性の溶岩噴出が主で、火山そのものの研究はもちろん、火星との比較研究も盛んになされています。マントルが地下深くから上昇するホットスポットにあたるハワイでは、多くの火山が今もなお形成され続けています。

ハワイ島では基本的に、

①マントルの上昇によってホットスポット上に火山島ができる
②プレートの移動によって火山島が（現在は）西北西へ移動する
③再びホットスポット上で火山島ができる

を繰り返すことで鎖状に連なった火山島群が形成されています。より詳しいハワイの火山についてはたくさんの良書がありますので、そちらをご参照いただければと思います。ここでは早速、火星アナログサイトを訪ねていきましょう。ハワイ行きの国際線はワイキキビーチのあるオアフ島への便が多いですが、まっしぐらで火山を見たい方は、活発な火山のあるハワイ島への直行便がおすすめです。

ハワイでまず紹介するのは、溶岩チューブのアナログサイトです。第2章で取り上げたアマゾニス平原とエリシウム平原の溶岩原には、溶岩がチューブ状に流れたことでできた溶岩トンネルやチューブが存在しますが、ハワイ島にも多く見られます。例えば、ハワイ島東部のキラウエア火山周辺には大小様々な溶岩トンネルがあり、いくつかは観光地にもなっているほどです。そのうち、サーストン溶岩チューブは照明が整備されていて内部を歩くことができます（図表5-9）。内部は低粘性の溶岩が流れてできたこともあって基本的に平坦ですが、ところどころ起伏や落石があり、水が溜まっていることもあります。照明があっても多少足元は暗いので、歩くときは気をつけてください。また、観光地として開放されていない溶岩チューブは、落石や道に迷う危険性があるので立ち入らないようにしましょう。

図表5-9　サーストン溶岩チューブ

ハワイで見られる火星アナログサイトは溶岩チューブだけではありません。同じく第２章で紹介したオリンポス山とタルシス三山のような楯状火山の山々も地球にいながら感じることができます。一押しはマウナロア山で、近すぎると全貌が分からないため、海岸近くからかマウナケア山（こちらも楯状火山）から見るのをおすすめします（図表5-10）。マウナロア山は傾斜がゆるやかでのっぺりとしているため、あまりそうは見えないのですが、見た目とは裏腹に標高は４１６９ｍもあります。ドライブしていると、延々とマウナロア山が片側にあります。噴火は１９８４年を最後に、ここしばらくは起きていませんが、火山の膨張は続いていて（＝地下にマグマが注入されている）、時折地震も発生しています。登山される際

図表５-10　マウナケア山から眺めるマウナロア山
手前に見える赤茶けた小山はスコリア丘

には、ハワイ火山観測所（ＨＶＯ）の情報をしっかりチェックしてから出かけるようにしてください。ちなみに、ハワイ島一周道路を走るマウナロア周辺のドライブは、高く迫る山がないので、控えめに言っても最高です（スピードの出しすぎには注意です）。

　次は火山性の陥没凹地であるカルデラにも足を運んでみましょう。第２章で紹介したオリンポス山のカルデラは直径80㎞もありました。実は、地球にはそれよりも大きなカルデラが存在します。それは長径が１００㎞に達するインドネシアのトバ火山にあるカルデラです。

　なんだ、ハワイじゃないのか。そう思われた人もいるかもしれません。ですが、安心してください。そこまで大きくはありませんが、ハワ

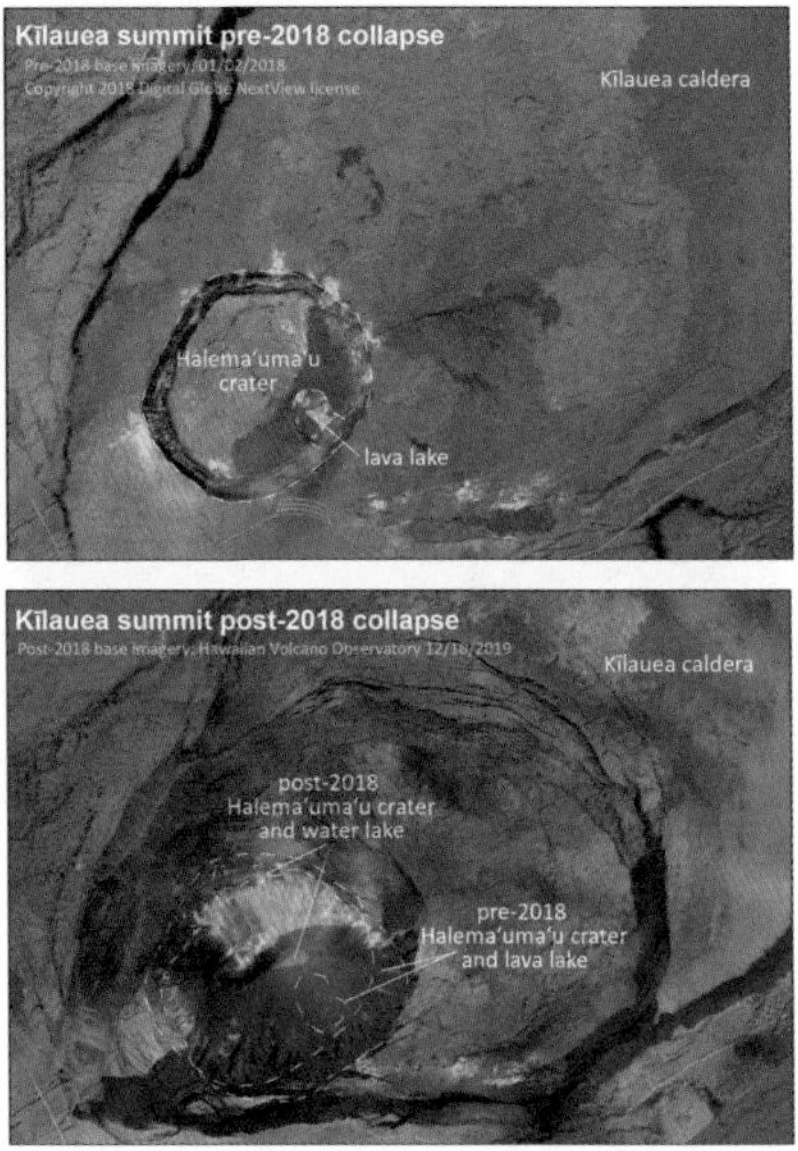

図表５-11　2018年のキラウエア火山噴火の前（上）と後（下）の火口の様子
Credit: K. Mulliken, USGS.（一部切り抜き）

イの火山にもカルデラを持つものがあります。ここでは最大で直径約４・５㎞のカルデラを持つキラウエア山を紹介しましょう。

キラウエア山はハワイ島の東部を構成する楯状火山で平坦なカルデラ底を持ちます。今も活発な火山活動が続いており、２０１８年の噴火ではカルデラ底が大きく陥没しました。図表５-11はその噴火前と後の写真です。様相が全然違うのがお分かりいただけるでしょうか。

かつてのキラウエア山のカルデラ内には溶岩湖（カルデラ内に溜まった溶岩。水が溜まってできた火口湖でないことに注意）が安定して存在していました。この時期に行われた湖面標高の継続的な観測は、その成果が火山活動の推移予測に使われ、後の火山学の発展に大きく貢

図表5-12　溶岩大地で見られるレフア

図表5-13　雫状に固まったペレの涙

献しています。また、カルデラ縁にはアメリカの地質学者トーマス・A・ジャガーの名がつけられた、噴石や溶岩、観測機材などの展示が素晴らしい博物館があるのですが、2018年の噴火で被害を受け、2021年現在は閉鎖されています。

　ハワイ編の最後は、火星アナログサイトからは少し離れますが、ぜひとも訪れたら一度は見ていただきたいものを紹介しようと思います。それは、溶岩大地を歩いていると目に入る赤い花です。この花はレフアと言って（図表5-12）、オヒアという木に咲く花です。ハワイの伝説では、女性のレフアと男性のオヒアが仲良くしているのに嫉妬した火山の神ペレが二人を花と木に変えてしまったという話があります（諸説あるようです）。

　この神様ペレと火山学は深く結びついています。熱い溶岩が糸を引くように噴出すると、まるで髪の毛のようになります。これは火山学ではペレの毛（Pele's hair）と呼ばれています。また、溶岩が飛び散って雫状になったものはペレの涙（Pele's tear）という名前がつけられています（図表5－13）。なんだかロマンチックですね。ハワイの火山を歩く際には、このレフアを見ながら伝説に思いを馳せてみるのもよいでしょう。

グランドキャニオン周辺――ミニチュアマリネリス峡谷

第2章で紹介した〝火星の裂け目〟とも言えるマリネリス峡谷を地球上で体感するには、やはりグランドキャニオンでしょう。なんといっても剥き出しの地層がすごいです（図表5－14）。地層中からは化石も見つかっています。もしかしたら火星でもあるかもしれませんね。

グランドキャニオンはコロラド川の水の流れに削られてできました。地殻運動でできたマリネリス峡谷とはでき方は異なりますが、内部を水が流れた点では共通しています。

さて、そんなグランドキャニオンでは谷を下りるハイキングが楽しめます。ですが、結構

図表5‐14　グランドキャニオンの眺め

しんどいようです。ほかにも、コロラド川上流ではボートに乗って川下りができたり、近くのスロットキャニオンでは、探査機オポチュニティが火星で見つけたブルーベリー（岩石の名前）に似た、コンクリーション（地層中で特定の物質が沈殿、濃縮された岩の塊）を観察することもできます（図表5‐15）。また、グランドキャニオン南東部のサンセットクレーターボルケーノ国定公園には、タルシス三山近くでもみられるスコリア丘がいくつもあり（図表5‐16）、中には地学の教科書に載っているものもあります。

　このあたりは、今挙げた通り火星感あふれる光景が広がっているので、訪れた際にはグランドキャニオンだけでなく周囲にも足を延

図表5-15　スロットキャニオンのコンクリーション

図表5-16　サンセットクレーターボルケーノ国定公園で見られるスコリア丘

図表5-17　夏場の南極大陸沿岸部の露岩域

ばしてみるのがおすすめです。

南極――地球上で最も火星に近い場所

第1章にあるように、火星は寒くて空気が乾燥している環境です。また、地球と違って植物はありません。地球上でこの環境に似た場所というと、どこになるでしょうか。それは、ずばり南極です。南極は大部分が氷で覆われていますが、一部は地面が露出しており、夏場なんかは特に火星っぽくなります（図表5-17）。とくに似ているとは言われるのは、南極のアメリカ基地近くにある、ほとんど雨の降らない極端に乾燥したドライバレーと呼ばれる地域です。が、ここではより日本に馴染みの深い昭和基地近くの〝火星〟をそこまでの道のりとともにご紹介します。

南極には観光で行くこともできますが、なかなか大変です。チリなどから飛行機や船で行くルートが一般的かと思いますが、移動費が結構高額で天候にも大きく左右されるので、お金やスケジュールに余裕がないと自力で行くのは難しいかもしれません。では、ほかの方法はというと、観光以外では各国の観測隊による砕氷船や飛行機によるアプローチがあります。

昭和基地は東南極と呼ばれるエリアに位置します。多くの人は初耳かもしれませんが、基地は南極大陸上にあるのではなく、リュツォ・ホルム湾という湾の中にある島（東オングル島）の上に建てられています。ここでは、実に60年以上にわたって日本の南極地域観測隊による観測活動が続けられてきました。年に一度しか物資補給・人員交代がなく、冬はブリザードが吹き荒れる過酷な環境での活動継続は本当にすごいことです。

昭和基地へ行くには南極地域観測隊の隊員または同行者になる必要があります。隊員には観測担当のほか、通信や機械、調理、医療、建築担当などがあり、夏の間だけ活動する夏隊員と冬を越して次の隊が迎えに来るまで基地で過ごす越冬隊員の二つのグループがあります。もちろん、誰でも隊員・同行者となれるわけではなく、健康判定をクリアし、雪山で行われる訓練にも参加しなければなりません。視界が真っ白となるホワイトアウトやクレバス、ブリザードなど、南極は危険だらけと言っても過言ではないのです。

それでは、無事隊員となった人は日本からどのようにして南極へ向かうでしょうか。それは、ほとんどの場合、飛行機でオーストラリアへ行き、そこから南極観測船「しらせ」に乗って行くことになります。日本から片道1カ月以上かかる長い船旅です。オーストラリアを過ぎて南下するにつれて、陸地が少なくなって遮るものがなくなると、南緯40～60度の海域にある暴風圏に突入します。そのすさまじさは「吠える40度、狂う50度、絶叫する60度」と言われているほどで、船は大きく揺れることになります。

さらに、暴風圏を過ぎても昭和基地には簡単に辿り着けません。基地の周りには定着氷という分厚い海氷が夏にもあるため、氷に割り入ることのできる船しか基地に近づくことができないのです。その点、南極観測船「しらせ」は世界的に見ても砕氷能力の高い船で、一度後退してから突進し、氷に乗り上げて割り進んでいくことができます（図表5-18、ラミングと呼ばれています）。

こうして年に一度、夏の時期（北半球では冬）にしらせが昭和基地に到着し、物資の補給やゴミの持ち帰り、観測隊員の交代や夏の間にしかできない作業、観測が行われるのです。

到着するまでに少し時間がかかりましたが、さぁ、ここからは〝火星〟へと行きましょう。

図表5－18　自重で砕氷しながら進む南極観測船「しらせ」

南極のフィールドは雪や氷、ブリザードなどに阻まれるため多くの場所が夏の間だけ、しかもヘリコプターでしか行くことができません。工事現場のような光景となる夏の昭和基地で慌ただしく荷物を詰め込み、ヘリコプターで飛び立つと、それまでの景色が一変、ほとんどが白とブルーで構成された世界が眼下に広がります（図表5－19）。薄い海氷や分厚い氷山、それらを様々な形に割り入る海、そして際限なく白く続く南極大陸、忙しない夏の束の間の空中散歩です。

　そうこうしているうちに茶色の地面が近づいてきます。着陸直後すぐは、荷物の運び出しやヘリが離陸する際に吹き下ろす風（ダウンウォッシュ）から荷物を守るなど、周囲を

図表5-19　上空から眺める南極大陸

見ている余裕はありません。ですが、ヘリが飛び立つと……。静けさとともに高揚感が押し寄せてきます。そう、ここが地球上で火星に最も近い場所、リュツォ・ホルム湾岸の岩が剥き出しになった露岩域です。

　周囲を見てみましょう。遠くには縞模様になったきれいな岩体が露出しています（図表5-20）。これらの多くは5億年以上前に形成された変成岩の一種である片麻岩で、南極大陸のこの地域を構成している主要な岩石です。近場には氷河が運んできたであろう直径3mを超すような巨礫《きょれき》もところどころに鎮座しています。

　足元も見てみましょう。岩が剥き出しになっているところもあれば、砂礫が溜まって

図表5-20　昭和基地近傍にある剥き出しの岩体

図表5-21　窪地には砂礫や白い析出物が見られる

いる窪地もあります（図表5‐21）。窪地の中には、石膏のような白い物質が析出していることもあり、過去に水が溜まって蒸発するのを繰り返していたことを想像させます。荒涼とした風景は見た目以上に火星に似ていそうです。

現在、筆者らのグループは将来の火星探査に向けて、昭和基地の周辺にこうした火星アナログサイトがないか、探索をしています。よい場所が見つかれば、近火星環境での岩石変質などの研究や機器の試験に活かすことができるかもしれません。第1章のコラムでお話ししたように、現在、国際火星探査の潮流は加速しています。この状況の中で、日本のプレゼンスを今以上に高めるためにも、独自の火星アナログサイトを確保することは重要なのです。

さて、南極の火星は露岩域だけではありません。南極は隕石の産地で（第1章、34ページ参照）、火星からやってきた火星隕石は南極で約31個見つかっています。ほかにも、昭和基地の南西に広がるやまと山脈からは、氷河の流れによって運ばれた何千個もの隕石が発見されています。これは「やまと隕石」と呼ばれ、日本の南極観測隊が１９６９年に最初の隕石を発見して以降、精力的に探索・回収が続けられています。

南極のアナログサイトはいかがだったでしょうか。夏の観測や作業が終わると、夏隊員は撤収し、基地には越冬隊員のみが残ります。次の隊が迎えに来るまでの越冬隊員の仕事は、観測の継続や基地の運営・維持です。将来の火星や月の基地でもこうしたスケジュールで有人探査が行われるのでしょうか。実際にどうなるかは置いておくとして、少なくとも現在の南極観測には将来の惑星表層探査へ向けて、学ぶところが実に多くあります。

最後に、火星アナログサイトからは離れますが、せっかくなので、昭和基地でのグルメもご紹介しましょう。

基地では時折、ショウワギスという魚を味わうことができます。というのも、隊員有志で結成された漁協係が基地周辺の生態調査のために釣りを行っていて、調査後の〝試料〟を食べられることがあるのです。ショウワギスは唐揚げにするとパリパリして美味しいです。

ほかにも昭和基地の中には、なんと「バー」があります。ここでの格別な一杯は、氷山からとってきた氷でのオン・ザ・ロックです。氷中には降り積もった雪が圧縮されて氷になる際に閉じ込められた空気が気泡となって入っているので、ウイスキーを入れた後、耳を澄ませるとプチプチと弾ける音がします。ぜひ皆さんにもお気に入りの飲み物でこの音を味わってもらいたいです。さらに、ウイスキーと言えば、南極観測船「しらせ」で南下中に特別なウイスキーが配布されます。通称コンクウイスキーです。濃縮されていて、アルコール度数が通常よりも高く、55度もあります。これは、南極の寒い環境下でも凍らないようにするためだそうです。南極地域観測隊員になった方はぜひ、そうでない方でも濃縮ウイスキーが手に入った際には南極くらい寒くても凍らないんだなあと思いながら味わってみてください。

＊　＊　＊

地球上の火星アナログサイトは、いかがだったでしょうか。今回、紹介できなかったサイト、まだ発見されてないサイトはたくさんあります。ぜひ皆さんも興味が湧いたら、日常や旅先、Google Earth などでこれまでに触れた火星の地形を思い出しながら、地球上の〝火星〟を探してみてください。

【コラム7】　なんでもいいから今すぐ火星に行きたい人へ

本書を執筆している時点では残念ながら気軽に火星へ行くことは叶いません。それでも、なんでもいいから今すぐ火星へ行きたいという人のために、ここでは２０２１年時点における火星を見るためのツールを二つご紹介します。

Google Earth

「世界で一番詳しい地球儀」としておなじみの Google Earth。実は簡単に火星に行くことができるのです。

Google Earth のウェブサイト（https://www.google.co.jp/intl/ja/earth/versions/#earth-for-web）からデスクトップ版の Google Earth（Google Earth プロ）をダウンロードしてみましょう。起動したらツールバーを見てください。土星のようなボタンがありますね？　ここをクリックするといくつか選択できる中に「火星」があります。こちらをクリックするとあっという間に火星へ行くことができます。

Google Earthでは地球儀ならぬ火星儀をグルグル回すことができます。本書の図では表現しきれなかった位置関係を見てみてください。例えば、タルシス台地の反対側はヘラス平原になっています。

ただ、地球のように海や森がないので、もしかしたら、どこも同じように見えてしまうかもしれません。そこで、ちょっと見方を変えてみましょうか。

サイドバーの中の「レイヤ」から「Global Maps->Colorized Terrain」を選んでみてください。標高によって色づけされましたね。さらに、サイドバーの「レイヤ」の「地形」にチェックを入れると地形が立体的になります。オリンポス山の平べったさ、マリネリス峡谷のグランドキャニオン感などぜひ体験してみてください。

Google Earthでは他にも高解像度の画像や、英語ではありますが、ガイドツアーや名所の案内を見ることができます。

JMARS

Google Earthでも十分火星を堪能できるのですが、もっとたくさん画像を見たい、自分で地形断面図を描きたい、自分で作った地図を重ねて表示させたいなど、

Google Earthではできないことをしたくなるかもしれません。そんなときは私たち研究者御用達の「ＪＭＡＲＳ」を使ってみてはいかがでしょうか。本書で示した地図や画像の多くもＪＭＡＲＳ上で表示・作成したものです。

　ＪＭＡＲＳはアリゾナ州立大学によって開発・公開・保守されているフリーのアプリケーションです。ＪＭＡＲＳのウェブサイト（https://jmars.mars.asu.edu/）から早速ダウンロードしてみましょう。操作は全て英語ですが、世界65カ国６０００アクティブユーザーが使うだけあって分かりやすく簡単で、すぐ慣れると思います。アップデートが頻繁にあることもありここでは細かい操作までは説明しませんが、ウェブサイトにはチュートリアルを含む多くの情報があるので、分からない場合はそちらをご覧になってください。ＪＭＡＲＳはいろんなデータを重ねて表示させることができるので、探査機の着陸地点を決めるのにも用いられています。行くならどこが良いか、みなさんもＪＭＡＲＳを使って探してみてください。

エピローグ

人類に火星を旅行する権利はあるのか

火星旅行はいかがだったでしょうか。これまで見たように、火星には標高20kmを超える火山や二酸化炭素でできた氷冠、火星の裂け目と言えるほど深い峡谷など、数多くの面白い地形が存在しています。もし観測が行われていなければ、火星の自然がここまで多様な地質や地形を形作っていることは、分からなかったでしょう。近い将来には、さらなる宇宙工学や通信技術の発展によって、学術的な目的だけでなく、本当の意味で火星の大地を旅行で見て回れる日だって来るかもしれません。そうなれば、より多くの人が、「プロローグ」で紹介したケプラーのように、火星に出会った幸運を感じるはずです。

一方で、火星の様々な場所を見てきた私たちは、最後に一つ考えねばならないことがあります。それは、そもそも人類には火星を旅行する権利があるのかということです。

ここまで旅行の話をしてきたのに本末転倒だと思う人もいるかもしれません。しかし、地球の歴史から分かる通り、未知の場所が技術によって身近になることは、我々に新たな感動をもたらしてくれると同時に、土地を切り開いたり、あるべきでないものを持ち込んだりするなど、なんらかの暴力性も伴っているのです。

例えば、ジュール・ヴェルヌの『八十日間世界一周』は、鉄道の開通やスエズ運河の完成によって旅が安全になったことで、「冒険」ではなく「旅行」となっていますが、小説に書かれていないその背景には、鉄道建設の際に枕木として多くの木が切り倒されたり、運河の開通で地中海と紅海が繋がり海の生態系が変化するなど、環境のかく乱も起こりました。

そして、こうした出来事は惑星探査や火星旅行においても無関係ではありません。多くの探査機が地球外に打ち上げられれば、故障や運用終了で放置される機械の数も増えていくことでしょう。そのままの状態で地面に放置されるならまだしも、墜落すれば機械の破片が周囲に飛び散ったり、場合によっては地面に大きな穴が開いたり、崖が崩れたりして、地形を変えてしまうかもしれません。好奇心は常に暴力と隣り合わせなのです。

地球における環境倫理学ではそうした中で、人間中心による環境開発を抑制し、ほかの生き物が生きていく権利を守っていこうという取り組みが進められています。コラム5でも述べましたが、例えば生命がいる（もしくはいそうな）惑星からのサンプル採集では、地球の環境を守るために、滅菌されていない物質の持ち込みは禁止されています。

一方で、そうなると疑問も出てこないでしょうか。生態系の維持が環境保護の目的だとすると、動植物などの生命がいない場所は、土地の開発は許されるのでしょうか。

地球の場合、微生物まで含めるとあらゆる場所に生物が生息しているため、生態系の保護がそのまま土地の保護へと繋がっていきます。しかし、地球外の天体となれば、そうとは限りません。火星はまさにその一例でしょう。現在、宇宙生物学（アストロバイオロジー）の分野では、火星に生命がいるかどうかが盛んに議論されており、そのための探査も行われています。ただ、火星に生命がいたとしても、あらゆる場所に生物が生息していることはなさそうです。このとき、火星の土地で生命がいそうもないエリアは、いる可能性のあるエリアに比べて環境保存の重要性は下がるのでしょうか。さらに、宇宙には火星以上に、生命が存在しないと考えられている天体がたくさんありますが、生命の痕跡がない天体なら、我々は自分たちの都合で好き勝手に探査機などを送り込んでもよいのでしょうか。

今のところ、地球の生物を持ち込まないように気をつけることは多くの人が指摘しています。しかし、ここで問題なのは、地球からの汚染とは別に、生命がいなければ環境を変えてもよいのかということです。もし将来、火星旅行を実行することがあるのなら、この問題を無視するわけにはいきません。

土地倫理と原生自然

そこで、一つヒントになりそうな考え方があります。それは「土地倫理」というものです。アルド・レオポルドによって提唱されたこの環境保存のあり方は、人や社会だけでなく、土壌や水、植物、動物といった土地にまで共同体の枠組みを広げた上で、土地が安定して存続する権利を尊重していこうという考えです。

レオポルド自身は地球の自然を対象に、生態系の保全と土地を関連して議論しているので、一見すると、「生命がいない場所では、土地倫理は当てはまらない」ように見えます。しかし、「土地」の中に土壌や水といった生物以外の要素が入っている点で、土地倫理は地球外の環境にも応用できるのではないでしょうか。

レオポルドの環境保全の最終目標を「土地全体の自然な存続」だと考えてみましょう。生き物がいない場所は「生き物がいない」こと自体が自然な状態で、その土地の特徴と見ることもできます（惑星科学では生命がいない場所も重要な領域です）。そうだとすると、生物のいない（生態系のない）土地も、生命なしの上で、存続していく権利があることになります。

この場合、火星に生命がいようがいまいが、人類が好き勝手に火星の土地を変える権利はないということになります。旅行はもちろん、学術調査であっても火星の土地が安定して存続できる範囲内で行わなければなりません。そして、どこまでがよくて、どこまでが問題なのかを、慎重に議論する必要が出てきます。

例えば、オリンポス山の山頂が破壊されることには、多くの人が反対するでしょう。逆に、砂丘の砂を数センチ掘り返しても土地の存続に影響はなさそうです。それでは、そこら辺に転がっている岩はどうでしょうか。同じような岩がいくつもあれば、一つくらい壊してもよいのでしょうか。壊す目的（調査か開発か）によっても判断が変わりそうです。このように土地の存続といっても、判断が難しい対象は少なくありません。

地球でも自然に対して人間の活動をどこまで認めるかという問題は、議論の的となっています。一例を挙げると、アメリカでは人間の手が加わっていない「原生自然」を守ることは、環境保護における一つの大きな流れでした。ロデリック・F・ナッシュの『原生自然とアメリカ人の精神』によると、ヨーロッパでは18世紀ごろから、啓蒙思想やそれに伴って生じたロマン主義によって、以前は恐ろしい敵であった未開の地が、親しみ深い存在へと変化していったそうです。その傾向はアメリカの人たちにも当てはまり、開拓が進むにつれて、人の手が加わっていない自然を保存していこうという運動が、19世紀以降盛んになっていきます。近代的な旅行や登山が盛んになったのも19世紀でした。人々が積極的に周囲の自然に進出するようになったからこそ、それらを守るという視点にも目が向けられ始めたのです。

しかし、20世紀に入ると、原生自然を基準にした環境保護には、問題も多くなっていきます。ナッシュによると、原生自然の考えが盛んになることで、多くの人々が保存地区へ殺到してしまい、かえって自然が荒れ始めたそうです。20世紀の中盤には、訪れる人の管理が大きな課題となっていきます。

また、エマ・マリスは著書『「自然」という幻想』の中で、「原生自然」という考えに基づいた環境保護自体にも疑問を投げかけています。というのも、地球にはもはや人の手が全く加わっていない場所がほとんど残されていないからです。そんな状態で、もし人が関わる以前の状態に戻そうとするなら、保存どころか、むしろ積極的に自然を改変しないといけません。それに、人が関わる以前に戻すといっても、具体的にいつの時代に戻せばよいのかはっきりしませんし、そもそも自然というのは非常に複雑で、過去の状態を完全に把握するのは極めて困難です。また、生態系は気候にも大きな影響を受けていて、昔の気候において維持されていた生態系を現在の気候の下で復元しようとしても、かえって動植物は育たないこともあるようです。そのため、マリスは過去のいわゆる人の手が入っていない自然に固執するのではなく、都市、公園、保護地区（マリスは保護地区があること自体を否定してはいません）など、多様な自然を考慮した保全活動こそ重視すべきだと主張しています。

マリスの意見は、これからの地球環境保護において重要となる考えです。日本でも、里山の保全や利用などが、たびたび話題として取り上げられています。では、地球以外の場所ではどのように考えていけばよいのでしょうか。

宇宙倫理学の研究でたびたび指摘されているように、地球外の天体に、まぎれもなく人の手が加わっていない自然が存在しているのは事実です。太陽系にはすでに数多くの探査機が打ち上げられ、月には人までもが降り立っていますが、今のところ、地球の外のほとんどは原生自然と言ってよいでしょう。だとすると、地球以外の天体にはむしろ、原生自然の保存こそが参考にすべき考えなのかもしれません。実際、近年には地球以外の場所にも、ジオ多様性（geodiversity）という考えを広げていこうと呼びかけがなされています。

ジオ多様性とは、生物多様性の地質版のようなもので、経済的価値だけではなく、美的、学術的、文化的、さらには存在自体に価値のある地質や景観を保存しようという考えです。例えば、月の海（玄武岩でできた月の黒っぽい場所）は、月の形成史の解明に役立つという科学的な価値だけでなく、月のうさぎという文化と結びついている点で文化的な価値があるとも言えます。

このジオ多様性に基づいた地球外における原生自然の保存は、決してマリスの主張する環境保全とも矛盾するものではありません。先ほど、マリスが原生自然を疑問視していると述べましたが、それはあくまでも「原生自然」に囚われて、今の自然を無理やり昔の状態に改変しようとする試みに対してです。地球外の天体のように、本当に人の手が加わっていない自然があるのならば、それらを保存していこうという取り組みは、マリスの主張する多様な保全活動の一つになるはずです。

そして何より、こうした保全活動は旅行にとってもよい影響を与えてくれます。というのも、ジオ多様性が維持されることで、その土地を訪れる楽しさは増すからです。実際、ジオツーリズムは、ジオ多様性がなければ成立しません。保存運動が盛んになれば、もしかしたらいつの日か、地球以外の天体でも世界遺産やジオパークのようなものが、現れるのかもしれません。

火星旅行に向けて

岩石や土壌といった無生物は動植物と違って、暴れたりしおれたりしません。だからこそ、地球外の自然とどう関わっていくかは、地球の自然以上に人間側が試されています。また、地球外のジオ多様性やその保存に関しては議論が始まったばかりで、この先も慎重に検討していかなければならない課題です。もしかしたら、探査や旅行といった活動はすべきではないという意見の人もいるかもしれません。火星は地球と違って、自然を改変しても人類の生存に影響を与えないからです。

一方で、火星を知ることは地球や生命を理解する助けになります。異なる天体との比較は、片方だけで調査・研究するよりも、多くの知見が得られるからです。ほかにも地球外の天体が、地球の自然観を変化させた興味深い事例もあります。それは、ヨーロッパ、特にイギリスにおける人々の山に対する態度です。

イギリス人の山に対する見方を詳細に研究したマージョリー・H・ニコルソンの著作『暗い山と栄光の山』によると、17世紀までイギリスの人々は、山というものに対してあまりよい印象を持っていませんでした。17世紀前半までに創作された詩では、山は大地にできた「瘤」のようなものだと表現されています。なぜ山の印象がよくなかったかというと、その主な理由はギリシャ・ローマの古典や聖書によって、球体こそが完全な形であるという観念が当時の人々の間に共有されていたからです。特に創世記の影響は大きく、聖書の解釈によって大地というのは本来球体であったのだが、洪水によって山や谷が形成されたという考えが作られました。

しかし、17世紀に入ると、その考えが徐々に変化するようになります。望遠鏡によって、完璧で完全な球体であるべき天体（月や火星）にも山（表面の凹凸や模様）が存在していることが明らかになってきたのです。ニコルソンの研究によると、17世紀後半以降、イギリスでは次第にでこぼこの山が美しいものと見なされるようになっていきます。球体のように均質なものが完全だと思われていた17世紀以前に対して、不均質なものにも美しさが見いだされるようになったのです。

それでは、将来、多くの人々が火星を訪れるようになったとき、地球の見方はどのようなものになるのでしょうか。望遠鏡によってイギリス人の山の見方が変わったように、地球に対して新たな価値の転換が起こるのでしょうか。

正直、どうなるかは想像もつきません。ですが、それもこれも火星を旅してみれば分かることでしょう。

＊　＊　＊

本書の執筆に際して、企画から編集、図表の諸問題に当たっていただいた河合健太郎さんをはじめ、光文社の方々に大変お世話になりました。また、東京大学地震研究所名誉教授の栗田敬さん、日本科学未来館科学コミュニケーターの中島朋さん、ＪＡＸＡ宇宙科学研究所の大川拓也さん、極地研究所広報室の皆様には出版前の原稿を読んでいただき建設的なコメントをいただきました。心から感謝いたします。

著者一同

Thomas, Nicolas, et al. "HiRISE observations of gas sublimation-driven activity in Mars' southern polar regions: II. Surficial deposits and their origins." Icarus 205.1 (2010): 296-310.
Thomas, P. C., et al. "Mass balance of Mars' residual south polar cap from CTX images and other data." Icarus 268 (2016): 118-130.
Thomas, P. C., et al. "North-south geological differences between the residual polar caps on Mars." Nature 404.6774 (2000): 161-164.
Thomas, P. C., et al. "Residual south polar cap of Mars: Stratigraphy, history, and implications of recent changes." Icarus 203.2 (2009): 352-375.
Thomas, P. C., et al. "South polar residual cap of Mars: Features, stratigraphy, and changes." Icarus 174.2 (2005): 535-559.

エピローグ

アルド・レオポルド『野生のうたが聞こえる』新島義昭訳　講談社（1997）
エマ・マリス『「自然」という幻想―多自然ガーデニングによる新しい自然保護』岸由二・小宮繁訳　草思社（2021）
呉羽真「宇宙倫理学プロジェクト～惑星科学との対話に開かれた探求として～」遊・星・人 26.4 (2017): 174-181.
マージョリー・H・ニコルソン『暗い山と栄光の山』小黒和子訳　国書刊行会（1989）
水野祥子『イギリス帝国からみる環境史―インド支配と森林保護』岩波書店（2006）
ロデリック・F・ナッシュ『原生自然とアメリカ人の精神』松野弘監訳　ミネルヴァ書房（2015）
Gray, Murray.「ジオダイバーシティ：地球・環境科学における新たなパラダイム」地球環境 10.2 (2005): 127-134.
Matthews, Jack J., and Sean McMahon. "Exogeoconservation: Protecting geological heritage on celestial bodies." Acta Astronautica 149 (2018): 55-60.

465.7297 (2010): 446-449.
Kieffer, Hugh H. "Cold jets in the Martian polar caps." Journal of Geophysical Research: Planets 112.E8 (2007).
Lauro, Sebastian Emanuel, et al. "Multiple subglacial water bodies below the south pole of Mars unveiled by new MARSIS data." Nature Astronomy 5.1 (2021): 63-70.
Malin, Michael C., Michael A. Caplinger, and Scott D. Davis. "Observational evidence for an active surface reservoir of solid carbon dioxide on Mars." Science 294.5549 (2001): 2146-2148.
Massé, Marion, et al. "Wide distribution and glacial origin of polar gypsum on Mars." Earth and Planetary Science Letters 317 (2012): 44-55.
Milkovich, S. M. and J. W. Head. "Surface textures of Mars' north polar layered deposits: A framework for interpretation and future exploration." Mars the international journal of Mars science and exploration 2:21-45 (2006).
Milkovich, Sarah M., and Jeffrey J. Plaut. "Martian South Polar Layered Deposit stratigraphy and implications for accumulation history." Journal of Geophysical Research: Planets 113.E6 (2008).
Nerozzi, S., and J. W. Holt. "Buried ice and sand caps at the north pole of Mars: Revealing a record of climate change in the cavi unit with SHARAD." Geophysical Research Letters 46.13 (2019): 7278-7286.
Orosei, R. et al., "Radar evidence of subglacial liquid water on Mars." Science 361.6401 (2018): 490-493.
Phillips, Roger J., et al. "Mars north polar deposits: Stratigraphy, age, and geodynamical response." Science 320.5880 (2008): 1182-1185.
Phillips, Roger J., et al. "Massive CO_2 ice deposits sequestered in the south polar layered deposits of Mars." Science 332.6031 (2011): 838-841.
Piqueux, Sylvain, and Philip R. Christensen. "Deposition of CO_2 and erosion of the Martian south perennial cap between 1972 and 2004: Implications for current climate change." Journal of Geophysical Research: Planets 113.E2 (2008).
Piqueux, Sylvain, et al. "Variability of the Martian seasonal CO_2 cap extent over eight Mars Years." Icarus 251 (2015): 164-180.
Smith, David E., Maria T. Zuber, and Gregory A. Neumann. "Seasonal variations of snow depth on Mars." Science 294.5549 (2001): 2141-2146.
Smith, Isaac B., and Aymeric Spiga. "Seasonal variability in winds in the north polar region of Mars." Icarus 308 (2018): 188-196.
Smith, Isaac B., and John W. Holt. "Onset and migration of spiral troughs on Mars revealed by orbital radar." Nature 465.7297 (2010): 450-453.
Smith, Isaac B., et al. "The spiral troughs of Mars as cyclic steps." Journal of Geophysical Research: Planets 118.9 (2013): 1835-1857.

Geophysical Research: Planets 119.6 (2014): 1089-1109.
Werner, Stephanie C. "The global martian volcanic evolutionary history." Icarus 201.1 (2009): 44-68.

第 4 章

Bierson, C. J., et al. "Stratigraphy and evolution of the buried CO_2 deposit in the Martian south polar cap." Geophysical Research Letters 43.9 (2016): 4172-4179.
Bisig, Walter, et al. "The effect of NaCl and metabolic profile of propionibacteria on eye formation in experimental Swiss-type cheese." International Dairy Journal 89 (2019): 86-95.
Buhler, Peter B., et al. "How the martian residual south polar cap develops quasi-circular and heart-shaped pits, troughs, and moats." Icarus 286 (2017): 69-93.
Byrne, S. et al. "Evolution and Stability of the Residual CO_2 Ice Cap" Eighth International Conference on Mars. No. 1791, p.1252 (2014).
Byrne, Shane, and Andrew P. Ingersoll. "A sublimation model for Martian south polar ice features." Science 299.5609 (2003): 1051-1053.
Byrne, Shane. "The polar deposits of Mars." Annual Review of Earth and Planetary Sciences 37 (2009): 535-560.
Dundas, Colin M., et al. "Widespread exposures of extensive clean shallow ice in the midlatitudes of Mars." Journal of Geophysical Research: Planets 126.3 (2021): e2020JE006617.
Fishbaugh, Kathryn E., and James W. Head III. "Comparison of the north and south polar caps of Mars: New observations from MOLA data and discussion of some outstanding questions." Icarus 154.1 (2001): 145-161.
Fishbaugh, Kathryn E., et al. "On the origin of gypsum in the Mars north polar region." Journal of Geophysical Research: Planets 112.E7 (2007).
Grima, Cyril, et al. "North polar deposits of Mars: Extreme purity of the water ice." Geophysical Research Letters 36.3 (2009).
Guggisberg, Dominik, et al. "Mechanism and control of the eye formation in cheese." International Dairy Journal 47 (2015): 118-127.
Hansen, C. J., et al. "HiRISE observations of gas sublimation-driven activity in Mars' southern polar regions: I. Erosion of the surface." Icarus 205.1 (2010): 283-295.
Hao, Jingyan, et al. "Araneiform terrain formation in Angustus Labyrinthus, Mars." Icarus 317 (2019): 479-490.
Herny, Clémence, et al. "Sedimentation waves on the Martian North Polar Cap: analogy with megadunes in Antarctica." Earth and Planetary Science Letters 403 (2014): 56-66.
Holt, John W., et al. "The construction of chasma boreale on Mars." Nature

主な参考文献

De Blasio, Fabio Vittorio. "The aureole of Olympus Mons (Mars) as the compound deposit of submarine landslides." Earth and Planetary Science Letters 312.1-2 (2011): 126-139.

Forget, F., et al. "Formation of glaciers on Mars by atmospheric precipitation at high obliquity." Science 311.5759 (2006): 368-371.

Head, J. W., et al. "Tropical to mid-latitude snow and ice accumulation, flow and glaciation on Mars." Nature 434.7031 (2005): 346-351.

Head, James W., and David K. Weiss. "Preservation of ancient ice at Pavonis and Arsia Mons: tropical mountain glacier deposits on Mars." Planetary and Space Science 103 (2014): 331-338.

Hodge, P. W. "Higher Than Everest: An Adventurer's Guide To The Solar System" Cambridge University Press (2004).

Isherwood, Ryan J., et al. "The volcanic history of Olympus Mons from paleo-topography and flexural modeling." Earth and Planetary Science Letters 363 (2013): 88-96.

Laskar, Jacques, et al. "Long term evolution and chaotic diffusion of the insolation quantities of Mars." Icarus 170.2 (2004): 343-364.

McGovern, P. J., et al. "Olympus Mons aureole deposits: New evidence for a flank failure origin." Journal of Geophysical Research: Planets 109.E8 (2004).

McGovern, Patrick J., and Julia K. Morgan. "Volcanic spreading and lateral variations in the structure of Olympus Mons, Mars." Geology 37.2 (2009): 139-142.

Milkovich, Sarah M., James W. Head, and David R. Marchant. "Debris-covered piedmont glaciers along the northwest flank of the Olympus Mons scarp: Evidence for low-latitude ice accumulation during the Late Amazonian of Mars." Icarus 181.2 (2006): 388-407.

Mouginis-Mark, Peter J., and Lionel Wilson. "Late-stage intrusive activity at Olympus Mons, Mars: Summit inflation and giant dike formation." Icarus 319 (2019): 459-469.

Neukum, Gerhard, et al. "Recent and episodic volcanic and glacial activity on Mars revealed by the High Resolution Stereo Camera." Nature 432.7020 (2004): 971-979.

Peters, S. I., and P. R. Christensen. "Flank vents and graben as indicators of Late Amazonian volcanotectonic activity on Olympus Mons." Journal of Geophysical Research: Planets 122.3 (2017): 501-523.

Robbins, Stuart J., Gaetano Di Achille, and Brian M. Hynek. "The volcanic history of Mars: High-resolution crater-based studies of the calderas of 20 volcanoes." Icarus 211.2 (2011): 1179-1203.

Weller, M. B., et al. "Eastern Olympus Mons Basal Scarp: Structural and mechanical evidence for large - scale slope instability." Journal of

Science 336.6082 (2012): 684-686.
Schmidt, Frédéric, et al. "Formation of recurring slope lineae on Mars by rarefied gas-triggered granular flows." Nature Geoscience 10.4 (2017): 270-273.
Smith, David E., and Maria T. Zuber. "The relationship between MOLA northern hemisphere topography and the 6.1 - Mbar atmospheric pressure surface of Mars." Geophysical Research Letters 25.24 (1998): 4397-4400.
Smith, David E., et al. "Mars Orbiter Laser Altimeter: Experiment summary after the first year of global mapping of Mars." Journal of Geophysical Research: Planets 106.E10 (2001): 23689-23722.
Stillman, David E., et al. "Evaluation of wet and dry recurring slope lineae (RSL) formation mechanisms based on quantitative mapping of RSL in Garni Crater, Valles Marineris, Mars." Icarus 335 (2020): 113420.
Vaucher, Julien, et al. "The volcanic history of central Elysium Planitia: Implications for martian magmatism." Icarus 204.2 (2009): 418-442.
Vincendon, Mathieu, et al. "Observational evidence for a dry dust-wind origin of Mars seasonal dark flows." Icarus 325 (2019): 115-127.
Williams, David A., et al. "The circum-Hellas volcanic province, Mars: overview." Planetary and Space Science 57.8-9 (2009): 895-916.

第3章

小泉武栄『登山の誕生―人はなぜ山に登るようになったのか』中央公論新社(2001)
Basilevsky, A. T., et al. "Geologically recent tectonic, volcanic and fluvial activity on the eastern flank of the Olympus Mons volcano, Mars." Geophysical Research Letters 33.13 (2006).
Basilevsky, A. T., et al. "Morphology and geological structure of the western part of the Olympus Mons volcano on Mars from the analysis of the Mars Express HRSC imagery." Solar System Research 39.2 (2005): 85-101.
Bleacher, Jacob E., et al. "Olympus Mons, Mars: Inferred changes in late Amazonian aged effusive activity from lava flow mapping of Mars Express High Resolution Stereo Camera data." Journal of Geophysical Research: Planets 112.E4 (2007).
Byrne, P. K., et al. "A sagging-spreading continuum of large volcano structure." Geology 41.3 (2013): 339-342.
Byrne, Paul K., et al. "The geometry of volcano flank terraces on Mars." Earth and Planetary Science Letters 281.1-2 (2009): 1-13.
De Blasio, Fabio Vittorio. "Conceptual model for the origin of the Olympus Mons cliffs, Mars: An essential influence of water?." Planetary and Space Science 69.1 (2012): 105-110.

volcanism in Elysium Planitia, Mars." Icarus 365 (2021): 114499.
Ivanov, M. A., et al. "Major episodes of geologic history of Isidis Planitia on Mars." Icarus 218.1 (2012): 24-46.
Jaeger, Windy L., et al. "Athabasca Valles, Mars: A lava-draped channel system." Science 317.5845 (2007): 1709-1711.
Jaeger, Windy L., et al. "Emplacement of the youngest flood lava on Mars: A short, turbulent story." Icarus 205.1 (2010): 230-243.
Kahre, M. A., et al. "MARCI-observed clouds in the Hellas Basin during northern hemisphere summer on Mars: Interpretation with the NASA/Ames Legacy Mars Global Climate Model." Icarus 338 (2020): 113512.
Kedar, Sharon, et al. "Analyzing Low Frequency Seismic Events at Cerberus Fossae as Long Period Volcanic Quakes." Journal of Geophysical Research: Planets 126.4 (2021): e2020JE006518.
Kerber, Laura, et al. "The dispersal of pyroclasts from ancient explosive volcanoes on Mars: Implications for the friable layered deposits." Icarus 219.1 (2012): 358-381.
McEwen, Alfred S., et al. "Seasonal flows on warm Martian slopes." Science 333.6043 (2011): 740-743.
Mouginis-Mark, Peter J., and James R. Zimbelman. "Rafted pumice: A new model for the formation of the Medusae Fossae Formation, Mars." Icarus 343 (2020): 113684.
Neukum, Gerhard, et al. "Recent and episodic volcanic and glacial activity on Mars revealed by the High Resolution Stereo Camera." Nature 432.7020 (2004): 971-979.
Noguchi, Rina, and Kei Kurita. "Unique characteristics of cones in Central Elysium Planitia, Mars." Planetary and Space Science 111 (2015): 44-54.
Noguchi, Rina, Ármann Höskuldsson, and Kei Kurita. "Detailed topographical, distributional, and material analyses of rootless cones in Myvatn, Iceland." Journal of Volcanology and Geothermal Research 318 (2016): 89-102.
Ojha, Lujendra, et al. "Spectral evidence for hydrated salts in recurring slope lineae on Mars." Nature Geoscience 8.11 (2015): 829-832.
Ojha, Lujendra, et al. "The Medusae Fossae Formation as the single largest source of dust on Mars." Nature communications 9.1 (2018): 1-7.
Plescia, J. B. "Morphometric properties of Martian volcanoes." Journal of Geophysical Research: Planets 109.E3 (2004).
Prokofieva-Mikhailovskaia, V. V., and A. N. Rublevskii. "Comparison of feature sizes on the surface of the asteroid 4 Vesta determined using ground-based and space observations." Kinematics and Physics of Celestial Bodies 29.5 (2013): 247-253.
Russell, C. T., et al. "Dawn at Vesta: Testing the protoplanetary paradigm."

湯浅吉美「坂東武者は惑星の変を怖れたか：『吾妻鏡』に見える惑星記事の検証」埼玉学園大学紀要 4, 121-134（2004）
吉田賢抗『新釈漢文大系 41　史記　四（八書）』明治書院（1995）

第 2 章

Abotalib, Abotalib Z., and Essam Heggy. "A deep groundwater origin for recurring slope lineae on Mars." Nature Geoscience12.4 (2019): 235-241.
Bernhardt, H., et al. "Photogeologic mapping and the geologic history of the Hellas basin floor, Mars." Icarus 264 (2016): 407-442.
Bernhardt, H., et al. "The honeycomb terrain on the Hellas basin floor, Mars: A case for salt or ice diapirism." Journal of Geophysical Research: Planets 121.4 (2016): 714-738.
Bleacher, Jacob E., et al. "Trends in effusive style at the Tharsis Montes, Mars, and implications for the development of the Tharsis province." Journal of Geophysical Research: Planets 112.E9 (2007).
Bouley, Sylvain, et al. "Late Tharsis formation and implications for early Mars." Nature 531.7594 (2016): 344-347.
Brož, Petr, et al. "Amazonian volcanism inside Valles Marineris on Mars." Earth and Planetary Science Letters 473 (2017): 122-130.
Brustel, Clément, et al. "Valles Marineris tectonic and volcanic history inferred from dikes in eastern Coprates Chasma." Journal of Geophysical Research: Planets 122.6 (2017): 1353-1371.
Diot, X., et al. "Complex geomorphologic assemblage of terrains in association with the banded terrain in Hellas basin, Mars." Planetary and Space Science 121 (2016): 36-52.
Dundas, Colin M., and Laszlo P. Keszthelyi. "Modeling steam pressure under martian lava flows." Icarus 226.1 (2013): 1058-1067.
Dundas, Colin M., et al. "Granular flows at recurring slope lineae on Mars indicate a limited role for liquid water." Nature Geoscience 10.12 (2017): 903-907.
Fuller, Elizabeth R., and James W. Head III. "Amazonis Planitia: The role of geologically recent volcanism and sedimentation in the formation of the smoothest plains on Mars." Journal of Geophysical Research: Planets 107.E10 (2002): 11-1.
Ghent, Rebecca R., Steven W. Anderson, and Taronish M. Pithawala. "The formation of small cones in Isidis Planitia, Mars through mobilization of pyroclastic surge deposits." Icarus 217.1 (2012): 169-183.
Hernández - Bernal, J., et al. "An extremely elongated cloud over Arsia Mons volcano on Mars: I. Life cycle." Journal of Geophysical Research: Planets 126.3 (2021): e2020JE006517.
Horvath, David G., et al. "Evidence for geologically recent explosive

主な参考文献

プロローグ

樺山紘一『ヨーロッパ近代文明の曙 描かれたオランダ黄金世紀』京都大学学術出版会（2015）

ジャン＝ポール・ドキスほか『ジュール・ヴェルヌの世紀―科学・冒険・《驚異の旅》』私市保彦監訳、新島進、石橋正孝訳　東洋書林（2009）

ジュール・ヴェルヌ『八十日間世界一周』江口清訳　角川文庫（1978）

杉本淑彦『文明の帝国―ジュール・ヴェルヌとフランス帝国主義文化』山川出版社（1995）

園田英弘『世界一周の誕生―グローバリズムの起源』文藝春秋（2003）

玉木俊明『ヨーロッパ繁栄の 19 世紀史』ちくま新書（2018）

羽田正『興亡の世界史 15　東インド会社とアジアの海』講談社（2007）

深見聡『ジオツーリズムとエコツーリズム』古今書院（2014）

本城靖久『トーマス・クックの旅―近代ツーリズムの誕生』講談社（1996）

ヨハネス・ケプラー『新天文学―楕円軌道の発見』工作舎（2013）

ローラ・J・スナイダー『フェルメールと天才科学者―17 世紀オランダの「光と視覚」の革命』黒木章人訳　原書房（2019）

Fairbrother, D. "Development of planetary balloons." Proceedings of the NASA Space Technology Conference 4 (2007).

Jones, Jack. A., et al. "Montgolfiere balloon missions from Mars and Titan." 3rd International Planetary Probe Workshop (2005).

Saito, Y., et al. "Development of a super-pressure balloon with a diamond-shaped net." Advances in Space Research 54.8 (2014): 1525-1529.

第 1 章

井田茂・田村元秀・生駒大洋・関根康人編集『系外惑星の事典』朝倉書店（2016）

楠山春樹『新釈漢文大系 54　淮南子　上』明治書院（1979）

楠山春樹『新編漢文選 1　呂氏春秋（上）』明治書院（1996）

司馬遷『史記 2―書・表』小竹文夫・小竹武夫訳　ちくま学芸文庫（1995）

慈円『日本古典文学大系 86　愚管抄』岡見正雄・赤松俊秀校注　岩波書店（1967）

野尻抱影『日本星名辞典』東京堂出版（1973）

班固『漢書 2―表／志（上）』小竹武夫訳　ちくま学芸文庫（1998）

藪内清編『科学の名著〈2〉　中国天文学・数学集』橋本敬造・川原秀城訳　朝日出版社（1980）

山田勝美『新釈漢文大系 68　論衡　上』明治書院（1976）

山田勝美『新釈漢文大系 94　論衡　下』明治書院（1984）

湯浅吉美「九条兼実の見た火星―日記『玉葉』に「熒惑」を拾う」埼玉学園大学紀要 3, 115-126（2003）

臼井寛裕（うすいともひろ）

1976年生まれ。福岡県出身。JAXA宇宙科学研究所教授。岡山大学大学院博士後期課程修了。博士(学術)。専門は岩石学・地球化学・惑星探査学。最近は、火星の水の起源・歴史を研究している。

野口里奈（のぐちりな）

1987年生まれ。福井県出身。新潟大学自然科学系助教。東京大学大学院博士課程修了。博士（理学)。専門は惑星火山学。火星と似た地質・風景・環境での調査研究に力を入れている。

庄司大悟（しょうじだいご）

1986年生まれ。神奈川県出身。JAXA宇宙科学研究所研究員。東京大学大学院博士課程修了。博士(理学)。専門は惑星火山学、木星や土星の氷に覆われた衛星。

火星《かせい》の歩《ある》き方《かた》

2021年12月30日初版1刷発行

著　者 ── 臼井寛裕　野口里奈　庄司大悟

発行者 ── 田邉浩司

装　幀 ── アラン・チャン

印刷所 ── 近代美術

製本所 ── ナショナル製本

発行所 ── 株式会社光文社
東京都文京区音羽1-16-6(〒112-8011)
https://www.kobunsha.com/

電　話 ── 編集部03(5395)8289　書籍販売部03(5395)8116
業務部03(5395)8125

メール ── sinsyo@kobunsha.com

ISBN 978-4-334-04580-7

1151
ニュースの未来
石戸諭

テレビ、新聞、出版…ニュースを巡る環境が悪化するなか、本当にこれらのメディアに未来はないのか。気鋭のノンフィクションライターが、ニュースの本質とその未来に迫る。

978-4-334-04559-3

1152
「ボヘミアン・ラプソディ」の謎を解く
〝カミングアウト・ソング〟説の真相
菅原裕子

同名映画も大ヒットした「過去1000年で最も重要な曲」にフレディ・マーキュリーが込めたメッセージとは。膨大な資料をもとに、近年ささやかれている、ある「仮説」を検証。

978-4-334-04537-1

1153
日本の食と農の未来
「持続可能な食卓」を考える
小口広太

食の大部分を海外に依存している日本。国内の農業は高齢化や後継者不足が進み、待ったなしの状況にある。今、私たちは何を考え、行動すべきなのか。「等身大の自給」について考える一冊。

978-4-334-04560-9

1154
新聞記者、本屋になる
落合博

新聞記者であった著者はいかにしてひとり本屋を始めることができたのか。定年目前の58歳、子どもは3歳、書店員経験は0。第二の人生、妻の反対を押し切っての本屋開業記！

978-4-334-04561-6

1155
ルポ コロナ禍で追いつめられる女性たち
深まる孤立と貧困
飯島裕子

臨時休校、おうち時間、休業補償、テレワーク……。コロナ禍で生じた出来事の多くでより深刻な状況に陥ったのは女性だった。その背景にあるものを、当事者への取材から探る。

978-4-334-04562-3

光文社新書

1156
日本のジーパン
林芳亭

米国で生まれたジーンズがいかに日本で独自の発展を遂げたのか？ ジーンズ界の重鎮である著者がジーンズの歴史や、日本における受容のプロセス等「ジーパン愛」を語り尽くす。

978-4-334-04563-0

1157
脳の寿命を延ばす「脳エネルギー」革命
ブドウ糖神話の崩壊とケトン体の奇跡
佐藤拓己

巨大で大食漢な働き者「脳細胞」を長持ちさせる助っ人とは⁉ ヒトの脳の発達を可能にしたエネルギーとしてケトン体に注目。認知症・うつを防ぎ健康にも役立つ栄養摂取法を考察する。

978-4-334-04564-7

1158
田舎暮らし~~読~~毒本
樋口明雄

田舎暮らしにスローライフは存在しない！ 東京から自然豊かな地方に移住して20年の小説家が満を持して贈る、田舎暮らしのノウハウと闇。本書を読まずして移住するべからず！

978-4-334-04565-4

1159
知ってるつもり
「問題発見力」を高める「知識システム」の作り方
西林克彦

「わからない」を見つけるために「きっちりわからなくなる」には？ ロングセラー『わかったつもり』刊行から16年。今最も求められる「問題発見力」を身につける方法を解説。

978-4-334-04566-1

1160
大下流国家
「オワコン日本」の現在地
三浦展

経済力の低下、人口縮小、ジェンダー格差、メディアの怠慢……この国はどこまで堕ちてゆくのか？ 80万部超のヒット作『下流社会』から16年、最新データを基に再び日本を斬る。

978-4-334-04567-8

光文社新書

1161

名画の生まれるとき
美術の力II

宮下規久朗

人間にとって必要不可欠な「美術の力」とは？ 「名画の中の名画」から「美術鑑賞と美術館」「描かれたモチーフ」「信仰と政治」「死と鎮魂」まで。美術史家と読む、美術の本質に迫る55話。

978-4-334-04568-5

1162

野蛮な大学論

酒井敏

大学人よ、学問の本道に戻って野蛮さを取り戻せ！ 「京大変人講座」主宰の京大名物教授が、大学、アカデミズム、教養の本質をズバリ指摘する。豊かな社会のための大学改革論。

978-4-334-04569-2

1163

「問い」から始まる哲学入門

景山洋平

2600年にわたる哲学者の語りあい。そこでは何が問われたのか。なぜ「問い」続けてきたのか——。「問い」の歴史とその意味を知る、不確かな世界を生き抜くための哲学入門。

978-4-334-04570-8

1164

物理学者、SF映画にハマる
「時間」と「宇宙」を巡る考察

高水裕一

フィクションが未来の科学を導く!? タイムトラベルから星間飛行まで、物理学者とともに探る一度は夢見たSF世界の可能性。科学の目で見直せば、SF映画はもっと楽しくなる！

978-4-334-04571-5

1165

くじ引き民主主義
政治にイノヴェーションを起こす

吉田徹

民主主義＝選挙ではない。選挙によらない民主主義の形態を歴史的に振り返りつつ、政治参加のための「くじ引き」の可能性を示す。傷ついた民主主義をアップデートする希望の書。

978-4-334-04572-2

1166

なぜ中学受験するのか？

おおたとしまさ

やり方次第で「良薬」にも「毒」にもなるのが中学受験。気鋭の教育ジャーナリストが膨大な取材経験と古今東西の文献から導き出した、中学受験の是非論へのファイナルアンサー。

978-4-334-04573-9

1167

毛

生命と進化の立役者

稲葉一男

えっ!? 脳の中の毛？ ウイルスから守る毛？ CO_2で止まる毛？「細胞の毛」研究三〇年のスペシャリストが、生き物や自然、そして私たちの命を支える驚くべきミクロの世界を綴る。

978-4-334-04574-6

1168

肥満・糖尿病の人はなぜ新型コロナに弱いのか

「糖質過剰」症候群Ⅱ

清水泰行

新型コロナのパンデミックや病状悪化の要因となると考えられる糖質の過剰摂取。本書では糖質過剰が新型コロナだけでなく数多《あまた》の疾患の原因となる理由を、最新研究を交え伝える。

978-4-334-04575-3

1169

人生を変えた韓国ドラマ 2016～2021

藤脇邦夫

「愛の不時着」「梨泰院《イテウォン》クラス」「賢い医師生活」「イカゲーム」など世界を席巻するKコンテンツの一つとなった韓国ドラマ。その深い魅力を傑作80選とともに徹底解説！

978-4-334-04576-0

1170

不登校・ひきこもり急増

コロナショックの支援の現場から

杉浦孝宣＋NPO法人高卒支援会

コロナ禍で不登校・ひきこもりの子どもたちは増えただけでなく、可視化されづらくなった。リアルとオンラインを駆使することで前よりもパワーアップした支援現場の知見を学ぶ。

978-4-334-04577-7